和工会干部谈谈人工智能

@学习强会　@AIGC
编

中国工人出版社

全国总工会
广泛应用人工智能行动

人工智能（AI）是引领未来的战略性技术，将深刻改变人类社会生活、改变世界，也给工会工作高质量发展带来全新机遇。为大力推动人工智能在工会工作广泛应用，实施本行动。

一、总体要求

（一）指导思想。

坚持以习近平新时代中国特色社会主义思想为指导，深入学习贯彻习近平总书记关于工人阶级和工会工作的重要论述，以及关于加强人工智能技术开发和应用的重要指示精神，在全国工会系统广泛深入应用人工智能，着力在维护职工合法权益、竭诚服务职工群众上取得明显进步，实现工会系统效率、能力的跃迁式提升。

（二）行动目标。

2024年积极应用。试行上线服务亿万职工群众的智能型App“职工之家”，初步做到全维、全时、智能服务职工；初步实现工会工作线上线下智能化转型，工会系统工作总效率、总能力大幅提升。

2025年广泛应用。正常运行服务亿万职工群众的智能型App“职工之家”，基本做到全维、全时、智能服务职工；基本实现工会工作线上线下智能化转型，工会系统工作总效率、总能力有更大提升。

（三）行动口号。

人工智能，赋能工会；

人工智能，从我做起；

AI助力工会，智慧服务职工；

AI应用，我爱应用。

二、重点应用场景

（一）AI+服务。创建服务亿万职工群众需求、集成各级工会全部服务内容的智能化服务，当前重点做好智能职工法律援助、智能12351维权服务、智能职工创新创业辅助、智能职工生活助手、智能职工健康、智能职工教育培训、智能职工文化艺术等。

（二）AI+办公。最广泛推动人工智能在工会办公系统全过程全方位应用，当前尤其是智能公文写作辅助、智能业务辅助、智能知识管理辅助、智能办公、智能工具方法辅助等。

三、主要任务

（一）**明确需求**。系统分析职工群众需求以及工会工作需求，并列出需求的优先等级。

（二）**打造底座**。建设中国工会语料库，训练工会大模型，研发服务职工群众和工会工作者的人工智能应用基础系统。

（三）**培训培养**。分层分类开展理念、知识、技能培训，推动工会工作者普遍掌握人工智能并熟练运用。

四、组织实施

（一）**统筹协调**。全总党组、书记处统一领导，全总网络安全和信息化领导小组牵头抓总，加强统筹管理、顶层设计，做好日常协调、定期检查。

（二）**内部协同**。全国工会系统共同行动，全总机关各单位带头行动，各级地方工会积极推动。

（三）**外部合作**。加强与相关部委、高校、研究机构、企业、社会组织的合作，并积极整合各方资源形成合力。

目 录

CONTENTS

第 3 部分 人工智能和劳动者

第 4 部分 人工智能和工会

第 1 部分

人工智能概述

Question 1

什么是人工智能?

人工智能（Artificial Intelligence, AI），是研究、开发用于模拟、延伸和扩展人的智能的理论、方法、技术及应用系统的一门新的技术科学。它是新一轮科技革命和产业变革的重要驱动力量。

人工智能是一个相对较新的领域，起源于20世纪50年代。当时，科学家们开始研究如何使计算机能够像人类一样思考和解决问题。人工智能的定义可以从多个角度来理解，但一般来说，它指的是计算机系统能够执行人类智能的任务，并表现出一定的自主性、学习和适应能力。

人工智能的实现依赖于一系列的关键技术，使计算机能够模拟人类的感知、认知和行为。一是机器学习，这是人工智能的重要组成部分，它允许计算机系统从数据中学习和改进，而无须进行显式的编程。通过训练模型，机器学习算法能够识别模式、做出决策和预测。二是深度学习，它是机器学习的一个分支，使用神经网络模型来模拟人脑的学习过程。深度学习算法可以处理大量的未标记数据，并从中学习到复杂的特征和模式，在图像识别、语音识别和自然语言处理等领域取得了显著成果。三是自然语言处理，涉及使计算机能够理解和生成人类语言中的文本和语音。通过自然语言处理技术，人们可以与计算机进行自然语言交互，如通过语音助手或聊天机器人进行交流。四是计算机视觉，这是人工智能中涉及图像和视频处理的技术。其目标是使计算机能够解释和理解图像和视频中的内容，包括目标检测、图像识别、场景理解等。

随着人工智能技术的不断发展和进步，已经进入各个行业和领域，为人们的生活和工作带来了巨大的变革。在自动驾驶领域的应用可以实现汽车的自主导航和驾驶。通过感知和决策技术，自动驾驶系统能够识别和处理环境中的障碍物、交通信号和其他车辆，从而实现安全可靠的自动驾驶。在医疗健康领域的应用包括疾病诊断、药物研发、健康管理等。通过分析医学数据和医学影像，人工智能可以辅助医生进行疾病诊断和制定治疗方案，提高医疗水平和效率。在智能家居领域的应用可以实现家庭设备的智能化管理和控制。通过智能家居系统，人们可以通过语音命令或手机应用程序控制家电设备、照明系统、安全系统等，提供便捷和舒适的生活环境。在金融领域的应用包括风险管理、投资决策、客户服务等。通过分析大量的金融数据，人工智能可以帮助金融机构做出更准确的风险评估和投资决策，提高金融业务的效率和准确性。在教育领域的应用可以提供个性化的学习体验和智能化的教育资源管理。通过分析学生的学习数据和兴趣偏好，人工智能可以为每个学生提供定制化的学习内容和建议，提高教育效果和学习成果。

目前，人工智能取得了巨大的进展和成就，但仍然面临一些挑战和问题。其中，包括数据隐私和安全、伦理和法律问题、就业机会的变革等。随着人工智能技术的不断发展和应用领域的扩大，需要关注这些问题，并制定相应的法规和政策引导、规范人工智能的发展和应用。同时，也需要继续探索和研究新的技术和方法，以推动人工智能的进一步发展，为人类的生活和工作带来更多的便利与进步。

Question 2

人工智能的概念是由谁提出的?

人工智能这一概念的形成和发展涉及多位先驱和学者，他们在不同的时间和背景下提出了与人工智能相关的思想和理论，在发展史上起到了重要的推动作用。

一是在人工智能早期发展阶段。艾伦·麦席森·图灵（Alan Mathison Turing）是计算机科学和人工智能的先驱之一。他在1936年提出了“图灵机”的概念，这是一种理论上的计算机模型，可以模拟任何计算机程序。1950年，他发表了著名论文《计算机器与智能》(*Computing Machinery and Intelligence*)，在其中提出了“图灵测试”作为判断机器是否具有智能的标准。虽然他没有直接使用“人工智能”这一术语，但其工作为后来的人工智能研究奠定了基础。约翰·麦卡锡（John McCarthy）是人工智能领域的奠基人之一。1956年，他在美国达特茅斯学院组织了一次研讨会，首次提出了“人工智能”这一术语，并定义了它的研究领域和目标。麦卡锡对人工智能的发展产生了深远的影响，被誉为“人工智能之父”。

二是在人工智能的发展阶段。马文·明斯基（Marvin Minsky）和西摩尔·派普特（Seymour Papert）在20世纪60年代提出了关于思维和智能的理论，强调了学习和适应性在智能中的重要性，为认知科学和人工智能的后续发展奠定了基础。赫伯特·西蒙（Herbert Simon）和艾伦·纽厄尔（Allen Newell）在20世纪50年代开发出了第一个成功模拟人类解决问题能力的程序——逻辑理论家（Logic Theorist）。这对人工智能的发展产生了重要影响，尤其是在知识表示和推理方面。

三是在现代人工智能的发展阶段。深度学习是人工智能领域的一个重要分支，使用神经网络模型来模拟人脑的学习过程，并在图像识别、语音识别和自然语言处理等领域取得了显著的成果。其中，杰弗里·辛顿（Geoffrey Hinton）、扬·勒昆（Yann LeCun）和约书亚·本吉奥（Yoshua Bengio）等学者在深度学习领域做出了重要贡献。强化学习是一种通过与环境互动来学习最佳决策的方法，在许多应用中取得了成功，如游戏AI和机器人控制。理查德·萨顿（Richard Sutton）和安德鲁·巴托（Andrew Barto）等学者在强化学习领域做出了重要贡献。

人工智能这一概念的形成和发展是一个长期的过程，涵盖了多位先驱、学者的贡献。从艾伦·麦席森·图灵的计算机模型和“图灵测试”，到约翰·麦卡锡提出“人工智能”这一术语，再到深度学习、强化学习等现代技术的发展，人工智能的概念和实践已经发生了深刻变化。这些先驱和学者的探索研究为人工智能领域的发展奠定了基础，并推动了人工智能技术在各个领域的应用和发展。

需要注意的是，人工智能作为一个复杂而广泛的领域，其发展涉及多个学科、领域的知识和技术。因此，在讨论人工智能的起源和发展时，很难将其完全归功于某一个人或团队。相反，我们应该认识到这是一个集体努力的结果，其中涉及众多学者、工程师和研究人员的贡献和创新。

Question 3

人工智能的历史发展经历了哪些阶段和转折点？

人工智能的发展经历了多个阶段和转折点，也标志着人工智能技术的不断进步和应用领域的拓展。

一是萌芽期（20 世纪 40 年代至 50 年代）。1943 年，美国神经生理学家沃伦·麦卡洛克（Warren McCulloch）和数学家沃尔特·皮茨（Walter Pitts）提出了基于神经网络的计算模型，为后来的人工神经网络研究奠定了基础。1950 年，英国数学家艾伦·麦席森·图灵提出了著名的“图灵测试”，为机器智能提供了一个衡量标准。1956 年，美国达特茅斯学院召开了一次具有历史意义的会议，约翰·麦卡锡正式提出了“人工智能”这一术语，并确立了人工智能的研究目标和方向以及其作为一个独立学科的地位。这次会议标志着人工智能学科的诞生。

二是第一次热潮与瓶颈期（20 世纪 60 年代至 70 年代）。20 世纪 60 年代，由于政府和军方的大力支持，人工智能迎来了第一个黄金发展期。这一时期的研究主要集中在自然语言处理、机器翻译、模式识别等领域。然而，由于技术限制和资金短缺，人工智能在 20 世纪 70 年代进入了第一次寒冬。此时，人工智能的实用性受到了质疑，许多研究机构和公司纷纷退出人工智能领域。

三是知识表示与推理时期（20 世纪 70 年代至 80 年代）。20 世纪 70 年代后期到 80 年代，人工智能领域开始关注知识表示和推理问题。专家系统如 MYCIN 和 DENDRAL 在这一时期兴起，这些系统尝试用逻辑和知识库来表示和推理知识。这一时期的研究成果为人工智能的进一步发展奠定了基础。

四是第二次热潮与瓶颈期（20 世纪 80 年代至 90 年代）。20 世纪 80 年代，随着计算机技术的飞速发展，人工智能迎来了第二次热潮。日本推出了第五代计算机项目，带动了全球范围内的人工智能研究。神经网络和深度学习开始崭露头角。然而，由于技术难题和市场接受度低，人工智能再次进入寒冬。

五是统计学习时期（20 世纪 90 年代至 21 世纪初）。20 世纪 90 年代，随着统计学理论的不断发展，支持向量机（SVM）等统计学习方法开始应用于人工智能领域。数据的重要性开始被认识到，大数据和机器学习逐渐成为人工智能研究的热点。这一时期的人工智能研究开始关注如何从数据中学习和挖掘有用的信息。

六是深度学习崛起与人工智能的普及（21 世纪初至今）。21 世纪初，随着大数据和计算力的不断提升，深度学习技术开始崛起。深度学习通过模拟人脑神经网络的结构和功能，实现了从大量数据中自动提取特征并进行分类或预测的能力。这一技术的出现极大地推动了人工智能的发展，使人工智能在图像识别、语音识别、自然语言处理等领域取得了突破性进展。

在这个阶段，人工智能技术开始广泛应用于各个领域，如自动驾驶、智能家居、智能医疗等。同时，人工智能技术也引发了社会各界的关注和讨论，涵盖伦理道德、数据安全等问题。

总之，人工智能的发展历史经历了多个阶段和转折点，从最初的萌芽期到现代的广泛应用和不断发展阶段。在这个过程中，无数的科学家和工程师的努力创新推动了人工智能技术的进步和发展。未来随着技术的不断进步和应用场景的不断拓展，人工智能将继续改变我们的生活和世界。

Question 4

国内主流的人工智能大模型有哪些？

国内主流的人工智能大模型主要包括百度文心大模型、华为盘古大模型、阿里通义大模型等。这些大模型在人工智能领域具有重要的地位，代表了国内人工智能技术的最高水平。

一是百度文心大模型。它是百度自主研发的产业级知识增强大模型，以“知识增强”为核心特色，构建了基础—任务—行业三级大模型体系，实现了AI应用场景全覆盖。百度文心大模型家族已经成功打造了多个大模型，例如，全球首个百亿参数中英文对话大模型PLATO-XL、首个聚焦中英文场景大规模OCR结构化预训练模型VIMER-StrucText、全球最大规模中文跨模态生成模型ERNIE-ViLG等。

百度文心大模型的优势在于其强大的语言理解和生成能力，以及跨模态的理解和生成能力。它能够理解和生成自然语言文本，以及从文本、图像、语音等多种模态中获取信息并进行跨模态的理解和生成。此外，百度文心大模型还具有高效的学习和推理能力，能够在短时间内对大量数据进行分析和处理，提供准确的结果。

二是华为盘古大模型。它是华为自主研发的人工智能大模型，旨在通过深度学习技术，实现对自然语言、图像、语音等多种数据类型的理解和处理。华为盘古大模型家族已经成功打造了多个大模型，例如，中文语言模型“盘古 NLP”、视觉模型“盘古 CV”等。

华为盘古大模型的优势在于其强大的多模态处理能力，能够处理文本、图像、语音等多种数据类型。“盘古 NLP”大模型是业界首个超千亿参数的中文预训练大模型，其超大的规模能够处理复杂的自然语言任务。此外，华为盘古大模型可以支持对话问答、文案生成、代码生成、插件调用、NL2SQL、搜索增强等多种任务，提供多任务、多模型和多插件的灵活选择，使用户可以根据实际需求调整模型的使用方式。

三是阿里通义大模型。它是阿里巴巴自主研发的人工智能大模型，旨在通过深度学习技术，实现对自然语言、图像、语音等多种数据类型的理解和处理。阿里通义大模型家族已经成功打造了多个大模型，例如，自然语言处理模型“通义 NLP”、视觉模型“通义 CV”等。

阿里通义大模型的优势在于能够深入理解复杂的语言规律，并理解自然语言文本的含义和逻辑关系，融合多种模态的知识，包括文本、图像、语音、视频等，支持多种语言，可以进行跨语言交流和翻译，增强了跨国交流和合作的能力。

总之，国内主流的人工智能大模型通过深度学习技术实现了对自然语言、图像、语音等多种数据类型的理解和处理，具有强大的语言理解和生成能力、跨模态的理解和生成能力以及高效的学习和推理能力。这些优势使得人工智能大模型在各个领域都得到广泛的应用和推广，为人们的生活和工作带来了便利和效率的提升。未来随着技术的不断进步和应用场景的拓展，人工智能大模型将会发挥更加重要的作用和价值。

Question 5

大数据与人工智能有什么不同?

大数据和人工智能是当今科技领域的两个热门话题，在各自的领域内都取得了飞速发展，并在许多方面相互交织，但也存在一些根本性的区别，具体区别如下。

一是在定义方面。大数据是指无法在一定时间范围内用常规软件工具进行捕捉、管理和处理的数据集合，具有数据量大、处理速度快、数据种类多等特点，通常包括结构化数据、非结构化数据和半结构化数据。人工智能则是指研究、开发用于模拟、延伸和扩展人的智能的理论、方法、技术及应用系统的一门新的技术科学，旨在让机器能够胜任一些通常需要人类智能才能完成的复杂工作。

二是在技术方面。大数据处理技术主要包括数据采集、存储、处理和分析四个环节。其中，数据采集涉及从各种来源获取数据；数据存储需要解决海量数据的存储问题；数据处理包括数据清洗、整合和转换等；数据分析则是从大量数据中提取有用信息的过程。人工智能则涉及机器学习、深度学习、自然语言处理等技术。机器学习是人工智能的核心，旨在使计算机能够通过数据和经验自动地学习和改进性能，不需要明确的编程指令。深度学习则是机器学习的一种特殊形式，通过模拟人脑神经网络的结构和机能进行学习和决策。自然语言处理就是用计算机对自然语言的形、音、义等信息进行处理。

三是在应用方面。大数据的应用范围非常广泛，包括金融、医疗、教育、物流等众多领域。在金融领域，大数据可用于风险评估、信用评级等；在医疗领域，大数据可用于疾病预测、个性化治疗等；在教育领域，大数据可用于个性化教学、教育资源配置等；在物流领域，大数据可用于优化运输路线、提高物流效率等。

当然，大数据和人工智能之间也存在密切的联系。首先，大数据为人工智能提供了海量的训练数据和测试数据，推动了机器学习和深度学习的发展。其次，人工智能技术可以帮助大数据更好地处理和分析数据，提高数据挖掘的效率和准确性。最后，大数据和人工智能在许多应用场景中是相互补充的。例如，智能推荐系统既需要大数据技术来处理用户行为数据，又需要人工智能技术来实现个性化推荐算法。

综上所述，大数据和人工智能虽然在定义、技术和应用等方面存在一些区别，但两者之间的联系也非常紧密。在未来的发展中，大数据和人工智能将继续相互促进、共同发展，为人类社会带来更多的便利和创新。

Question 6

云计算与人工智能有什么不同?

云计算与人工智能是当下科技领域的两大热门技术，都在推动数字化转型和智能化升级方面发挥着重要作用。尽管云计算和人工智能在某些方面有相似之处，但两者之间存在明显的差异。

一是在定义方面。云计算是一种基于互联网的计算方式，通过这种方式，共享的软硬件资源和信息可以按需求提供给计算机和其他设备。云计算的核心思想是将计算资源集中起来，通过网络以服务的形式提供给用户，用户无须关注底层硬件和软件的细节，只需关注自己需要的功能和服务。人工智能则是一种模拟人类智能的技术，它使计算机能够像人类一样思考、学习和解决问题。人工智能涉及多个领域，包括机器学习、深度学习、自然语言处理等，旨在让机器能够理解和执行复杂的任务。

二是在技术方面。云计算技术主要包括虚拟化、分布式计算、自动化管理等。虚拟化是云计算的基础，它将物理硬件抽象成虚拟资源，提高资源的利用率和灵活性。分布式计算则通过将计算任务分解成多个小任务，并行处理来提高计算效率。自动化管理则通过自动化工具对云计算资源进行管理，提高管理效率和降低运维成本。人工智能技术则主要包括机器学习、深度学习、自然语言处理、计算机视觉等。机器学习是人工智能的核心，它让计算机从数据中学习并做出决策或预测。深度学习是机器学习的一个分支，它利用神经网络模拟人脑的学习方式。自然语言处理和计算机视觉则分别关注人类语言和图像视频的理解与处理。

三是在应用方面。云计算的应用范围非常广泛，包括 IT 基础设施服务、软件开发平台服务、数据存储和分析服务等。在 IT 基础设施服务领域，云计算可以提供弹性可扩展的计算资源，满足企业不断增长的业务需求。在软件开发平台服务领域，云计算可以提供开发、测试和运行应用程序所需的环境和工具。在数据存储和分析服务领域，云计算可以提供大规模的数据存储和处理能力，支持企业进行数据挖掘和分析。人工智能的应用也同样广泛，涉及自动驾驶、智能家居、智能制造、智慧金融等众多领域。在自动驾驶领域，人工智能可以实现车辆自主导航和驾驶；在智能家居领域，人工智能可以实现家庭设备的自动化和智能化控制；在智能制造领域，人工智能可以提高生产线的自动化程度和产品质量；在智慧金融领域，人工智能可以实现金融服务的智能化和个性化。

当然，云计算和人工智能之间也存在密切的联系。首先，云计算为人工智能提供了强大的计算能力和数据存储能力支持其训练和部署模型。其次，人工智能技术可以帮助云计算更好地管理和优化资源提高资源利用率和降低运维成本。最后，云计算和人工智能在许多应用场景中是相互补充的。例如，智能客服系统既需要云计算技术来提供稳定可靠的服务支持，又需要人工智能技术来实现自然语言处理和智能问答等功能。

Question 7

机器学习与人工智能的关系是什么？

机器学习与人工智能的关系是当代科技领域中的热门话题。随着人工智能技术的飞速发展，机器学习作为实现人工智能的重要手段，逐渐受到人们的广泛关注。

一是机器学习与人工智能的定义与特点。机器学习是人工智能的一个子集，它利用算法和统计模型使计算机系统能够从数据中“学习”并做出决策或预测。机器学习的主要特点包括：数据驱动、模型优化和自动化决策。而人工智能则是一个更广泛的领域，旨在模拟人类的智能行为，包括理解语言、识别图像、学习、推理、解决问题等。人工智能的特点包括：智能行为模拟、自主学习和适应性。

二是机器学习对人工智能的推动作用。在数据处理能力方面。机器学习能够从海量的数据中提取有用的信息，为人工智能提供强大的数据处理能力。这使得人工智能系统能够处理大规模的数据集，并从中发现隐藏在数据中的模式和规律。在模型泛化能力方面。机器学习通过训练模型来学习数据的内在结构和规律，从而使模型能够泛化到未见过的数据上。这种泛化能力对于人工智能系统来说至关重要，因为它能够使系统适应各种不同的情况和环境。在自主学习能力方面，机器学习提供了一种机制，使得人工智能系统能够从经验中学习并不断改进自身的性能。这种自主学习能力使得人工智能系统能够随着时间和经验的积累而变得越来越智能。

三是人工智能对机器学习的依赖。在复杂问题处理方面。传统的人工智能方法在处理复杂问题时往往受到限制，而机器学习则能够处理这些复杂问题。通过训练和优化模型，机器学习能够处理非线性、高维度的数据，并发现数据中的复杂模式。在智能化应用方面。人工智能需要智能化的应用来展示其价值，而机器学习为这些应用提供了技术支持。例如，在语音识别、图像识别、自然语言处理等领域，机器学习算法的应用使得人工智能系统能够更准确地理解和处理人类的语言和图像。在决策支持方面，人工智能需要做出准确的决策来解决问题或完成任务，而机器学习为这些决策提供了数据支持和模型优化。通过训练模型并利用历史数据进行分析和预测，机器学习能够帮助人工智能系统做出更明智的决策。

四是机器学习与人工智能的未来发展。在技术融合方面，随着技术的不断进步，机器学习和人工智能将越来越紧密地融合在一起。未来的发展方向可能包括将机器学习与深度学习、强化学习等技术相结合，以构建更强大、更智能的人工智能系统。在应用拓展方面，机器学习和人工智能的应用领域将继续拓宽。除了现有的应用领域外，未来还可能涌现出更多的应用场景，如自动驾驶、智能家居、智能制造等。这些应用领域将充分利用机器学习和人工智能的技术优势，为人们的生活和工作带来更多的便利和智能化体验。

总之，机器学习与人工智能的关系是相互促进、相互依赖的。机器学习为人工智能提供了强大的技术支持和应用拓展空间，而人工智能则为机器学习提供了广泛的应用场景和挑战。随着技术的不断进步和应用领域的不断拓宽，机器学习和人工智能将继续相互促进和发展，为我们的生活和工作带来更多的变革和进步。

Question 8

深度学习与机器学习的关系是什么？

随着人工智能技术的飞速发展，机器学习和深度学习作为其中的重要组成部分，受到了广泛关注。两者之间的关系既密切又复杂，既有相似之处，也有一些区别。

一是在定义方面。机器学习是一种从数据中自动学习规律和模式的方法，利用算法和模型对输入数据进行处理和分析，从而得到有用的信息和预测结果。机器学习的核心思想是通过训练数据来优化模型参数，使模型能够对未知数据进行准确的预测和分类。深度学习则是机器学习的一个分支，利用深度神经网络来模拟人脑的学习方式。深度学习通过组合低层特征形成更加抽象的高层特征或类别，以发现数据的分布式特征。它的核心思想是通过多层神经网络的堆叠，逐层提取数据的特征，从而实现复杂任务的学习和解决。

二是在技术方面。机器学习技术主要包括监督学习、无监督学习、半监督学习和强化学习等。监督学习通过已有的标注数据来训练模型；无监督学习则在没有标注数据的情况下，通过发现数据中的内在结构和规律来进行学习；半监督学习结合了监督学习和无监督学习的优点；强化学习则通过与环境进行交互来学习策略。深度学习技术主要包括卷积神经网络（CNN）、循环神经网络（RNN）、生成对抗网络（GAN）等。CNN 主要用于图像和视频处理领域，RNN 则适用于序列数据的处理和分析，而 GAN 则用于生成新的数据样本。这些技术通过构建复杂的神经网络结构，实现对大规模数据的处理和分析。

可以说，深度学习是基于机器学习的基础上发展起来的，其算法和模型大多是在机器学习框架下设计和实现的，两者之间的许多技术和方法也是相互借鉴和融合的。同时，深度学习的成功也推动了机器学习领域的发展和创新。

虽然深度学习和机器学习有很多相似之处，但它们之间也存在一些区别。首先，深度学习更侧重于使用神经网络来模拟人脑的学习方式，而机器学习则更侧重于使用各种算法和模型来处理和分析数据。其次，深度学习通常需要大量的数据和计算资源来训练和优化模型，而机器学习则相对较为灵活，可以根据具体任务和数据量来选择合适的方法和模型。最后，深度学习的应用场景相对较为广泛，可以处理图像、语音、文本等多种类型的数据，而机器学习则更多地应用于结构化数据的处理和分析。

总的来说，深度学习和机器学习之间存在着密切的关系和互补性。它们都是人工智能领域的重要组成部分，各自具有独特的优势和应用场景。随着技术的不断发展和应用场景的不断拓展，深度学习和机器学习的关系将更加紧密，共同推动人工智能技术的进步和发展。

Question 9

自然语言处理与人工智能的关系是什么？

自然语言处理（NLP）是一门研究如何让计算机理解和生成人类语言的学科，其目标是让计算机能够像人类一样处理和理解语言，包括语音识别、文本理解、情感分析、机器翻译等方面。随着人工智能技术的不断发展，自然语言处理的应用场景越来越广泛，与人工智能之间的关系也越来越密切。

一是自然语言处理在人工智能中的地位。在理解人类语言方面，自然语言处理是人工智能领域的一个重要分支，旨在让计算机能够理解和生成人类语言。通过自然语言处理技术，人工智能系统能够解析、理解和回应人类的语言，从而实现与人类更自然、更流畅地交互。在拓宽应用领域方面，自然语言处理技术的不断发展为人工智能的应用领域提供更广阔的空间。例如，在智能客服、智能翻译、情感分析等领域，自然语言处理技术使得人工智能系统能够更准确地理解用户的需求和情感，从而提供更好的服务。

二是自然语言处理对人工智能的推动作用。在提升交互体验方面，通过自然语言处理技术，人工智能系统能够更准确地理解用户地输入，从而提供更精准的回应。这种交互方式更加自然、便捷，提升了用户的体验。在挖掘文本信息方面，自然语言处理技术能够从大量的文本数据中提取有用的信息，为人工智能系统提供决策支持。例如，在舆情分析、市场调研等领域，自然语言处理技术可以帮助企业了解市场需求和消费者情感，从而制定更合理的营销策略。在推动技术创新方面，自然语言处理技术的不断发展为人工智能领域带来了新的技术创新。例如，深度学习在自然语言处理中的应用使得模型能够更好地理解和生成文本；知识图谱技术则为自然语言处理提供了更丰富的背景知识和上下文信息。

三是人工智能对自然语言处理的依赖。在数据驱动方面，人工智能的发展依赖于大量的数据，而自然语言处理则为这些数据提供了处理和解析的能力。通过自然语言处理技术，人工智能系统能够处理和解析海量的文本数据，从而发现数据中的规律和模式。在模型优化方面，人工智能需要不断地优化模型以提高性能，而自然语言处理技术为模型的优化提供了技术支持。例如，在机器翻译领域，基于深度学习的神经网络模型通过大量的语料库进行训练和优化，使得翻译结果更加准确和自然。在应用拓展方面，随着人工智能技术的不断发展，自然语言处理的应用领域也在不断拓宽。从最初的文本分类和情感分析，到如今的智能问答、对话系统和自动摘要等领域，自然语言处理技术正在改变我们的生活和工作方式。

四是自然语言处理与人工智能的未来发展。在技术融合方面，随着技术的不断进步，自然语言处理与人工智能将越来越紧密地融合在一起。未来的发展方向可能包括将自然语言处理与深度学习、强化学习等技术相结合，以构建更强大、更智能的人工智能系统。

此外，在跨语言处理方面。随着全球化的加速推进，跨语言处理将成为自然语言处理的一个重要发展方向。未来的自然语言处理技术将更加注重多语言处理和跨语言迁移学习等方面的研究，以实现不同语言之间的顺畅交流和合作。

总之，自然语言处理与人工智能的关系是紧密相连且相互促进的。自然语言处理技术为人工智能提供了强大的技术支持和应用拓展空间，而人工智能则为自然语言处理提供了广泛的应用场景和挑战。随着技术的不断进步和应用领域的不断拓宽，自然语言处理和人工智能将继续相互促进和发展，为生活和工作带来更多的变革与进步。

Question 10

人工智能机器人有情商吗?

人工智能机器人是否有情商是一个复杂而深入的问题，涉及多个领域，包括人工智能、心理学、哲学等。

首先，我们需要明确什么是情商。情商，也称情感智慧，是指一个人识别、理解和管理自己和他人情感的能力，包括自我意识、自我管理、社交意识、关系管理等多个方面。情商是人类独有的能力，使我们能够理解和适应复杂的社会环境，与他人建立深厚的情感联系。

其次，我们来看人工智能机器人的情况。机器人是基于人工智能技术设计和制造的自动化机器，可以执行各种任务，从简单的工业生产线操作到复杂的语言理解和图像识别等。然而，尽管机器人可以模拟人类的某些行为，但并不具备真正的情感或情商。

具体来说，机器人没有自我意识，无法感知自己的情感或理解他人的情感。它们的行为是基于预先编程的规则和算法，而不是基于情感或直觉。此外，机器人也无法像人类那样建立深厚的情感联系或体验复杂的情感状态，如爱、恨、悲伤等。

然而，随着人工智能技术的不断发展，一些研究人员正在尝试将情感因素引入机器人设计中。例如，一些机器人被编程以识别和响应人类的情感信号，如面部表情、声音语调等。这些机器人可以根据人类的情感状态调整自己的行为，以更加自然和人性化的方式与人类交互。

此外，还有一些研究探索了如何让机器人具备一定程度的“情感智能”，即能够理解和适应人类情感的能力。这些研究通常涉及机器学习、深度学习等先进技术，通过分析大量的情感数据和行为模式来训练机器人识别和回应人类的情感。

尽管这些研究取得了一些进展，但我们必须清醒地认识到，目前的机器人仍然不具备真正的情感和情商。它们只是在模拟人类的某些情感反应和行为模式，而不是真正地体验和理解情感。未来随着技术的不断进步和发展，我们或许可以看到更加智能、更加人性化的机器人出现，但在处理复杂的人类情感问题时，人类自身的智慧和情感仍然是不可替代的。

Question 11

人工智能机器人会不会撒谎？

人工智能机器人本质上是由程序和算法组成的工具，它们并没有自我意识或情感，因此它们不会真正地“撒谎”。然而，机器人可以被编程来提供误导性的信息或不准确的回答，这可能导致人们产生误解或错误的理解。

人工智能机器人背后的编程及算法决定了它们的行为和回答的准确性。如果机器人被编程为故意提供虚假信息误导人们，那么它们可能会被认为是在“撒谎”。然而，这并不是机器人真的会撒谎，而是由于程序设计或人为因素导致了错误或不准确的信息。

在开发和使用人工智能机器人时，采取道德和法律规范的措施是非常重要的。一些国家和组织已经制定了相关的法规和准则，要求机器人的设计和使用符合道德和伦理标准。这些法规和准则强调机器人必须提供准确、客观和透明的信息，而不能有意地产生误导或虚假的回答。

然而，即使机器人被编程为遵守这些法规和准则，它们也可能因为无法理解问题的完整意义或缺乏必要的信息而给出错误的回答。在这种情况下，我们不应将其视为撒谎，而是把它们视为工具的局限性。

此外，人工智能机器人也可以通过机器学习和深度学习的技术不断优化和改进。通过不断地积累经验和训练，机器人可以学习更准确地回答问题，从而提高其准确性和可靠性。然而，即使在这种情况下，我们也不能完全排除错误或不准确回答的可能性。

综上所述，人工智能机器人本质上不会撒谎，但它们可能会提供错误或不准确的回答。在开发和使用机器人时，我们应该遵循相关的法律规定和伦理准则，确保它们能够提供准确、客观和透明的信息。同时，我们也应该认识到机器人的局限性，并持续努力改进它们的性能和可靠性。

Question 12

人工智能可以实现“常识相通”吗?

“常识相通”指的是一种能力，即能够理解并应用在日常生活中普遍存在的概念、事物和情境。对于人类来说，这种能力是自然而然的，但对于人工智能来说却是一个巨大的挑战。常识相通的挑战主要在于常识的复杂性和多样性。常识往往涉及文化、社会、历史、科学等多个领域，而且不同地区、不同文化背景下的常识也存在差异。这使得为人工智能系统建立全面的常识模型变得非常困难。

◆在处理常识方面的局限性

一是数据驱动的方法。现有的人工智能技术大多是数据驱动的，依赖于大量的标注数据进行训练。然而，常识性知识很难通过简单的数据标注来获取，因为它涉及复杂的背景知识和推理过程。二是缺乏语境理解。人工智能在处理语言时往往缺乏语境理解的能力。例如，同一个词语在不同的语境下可能有不同的含义，而人工智能可能无法准确地理解这些含义的差异。

三是文化和社会差异的挑战。常识往往与特定的文化和社会背景息息相关。人工智能在处理不同文化背景下的常识时可能会遇到困难，因为它可能无法理解和适应不同文化中的价值观和行为规范。

◆实现“常识相通”的路径

一是知识图谱与常识库的建设。通过建立大型的知识图谱和常识库，可以为人工智能提供丰富的背景知识和上下文信息，帮助它更好地理解和应用常识。二是结合符号主义与深度学习。符号主义强调对知识的显式表示和推理，而深度学习则通过神经网络模拟人脑的工作方式。将两者结合起来，可以充分利用各自的优势，提高人工智能的常识相通能力。三是引入外部知识源。通过将外部知识源（如百科全书、教科书等）引入人工智能系统，可以帮助它获取更广泛的知识和信息，从而更好地理解和应用常识。四是跨领域学习与迁移学习。跨领域学习和迁移学习可以使人工智能在处理不同领域的问题时能够共享和迁移已有的知识和经验，从而提高其处理常识性问题的能力。

◆未来展望

尽管人工智能在实现“常识相通”方面仍面临许多挑战，但随着技术的不断进步和创新，我们有理由相信未来人工智能将会在这方面取得更大的突破和进步。具体来说，以下几个方面的发展可能会为人工智能实现“常识相通”提供有力支持：

一是算法创新。随着深度学习等算法的不断发展，未来可能会出现更加高效、灵活的算法来处理常识性问题。这些算法可能会结合符号主义和连接主义的优点，实现更高效的知识表示和推理。

二是多模态交互。多模态交互技术可以使人工智能系统更加自然地与人类进行交互，包括语言、视觉、听觉等多种方式。这将有助于提高人工智能对语境和情境的理解能力，从而更好地应用常识。

三是跨领域合作。实现人工智能的“常识相通”需要跨学科的合作，包括计算机科学、心理学、哲学等。这些学科的知识和方法可以为人工智能提供更加全面、深入的理解和支持。

四是社会影响与伦理考量。随着人工智能技术的不断发展，我们也需要认真考虑其社会影响和伦理问题。例如，如何确保人工智能在处理常识性问题时遵循公平、公正的原则？如何避免人工智能在处理敏感问题时产生歧视或偏见？这些问题都需要在未来的研究和实践中得到充分考虑。

总之，虽然人工智能在实现“常识相通”方面仍面临许多挑战，但随着技术的不断进步和创新，我们有理由相信未来人工智能将在这方面取得更大的突破和进步。这将为人工智能在各个领域的应用提供更加广泛和深入的支持和帮助。

Question 13

哪一款人工智能语言模型应用最广泛?

ChatGPT是当前应用最广泛的人工智能语言模型，其是一种由OpenAI训练的大型语言模型，于2022年11月30日发布。它以对话方式进行交互，可以完成回答问题、生成文本、语言翻译、文本修改等多种任务，具有广泛的应用前景。ChatGPT在人工智能领域引起了广泛关注，被认为是一项具有划时代意义的成果。

◆ ChatGPT的技术背景。ChatGPT的训练采用了Transformer架构，这是一种深度学习模型，具有自注意力机制和并行计算能力，能够处理长序列数据。ChatGPT的训练数据来自互联网上的大量文本，包括网页、社交媒体、学术论文等。通过对这些文本的学习，ChatGPT可以生成自然、流畅的语言，并且能够理解和回答各种问题。

◆ ChatGPT的应用前景。在自然语言处理方面，ChatGPT可以应用于自然语言处理领域，例如情感分析、问答系统、机器翻译等。它能够理解人类的语言，使得人机交互更加自然、便捷。在智能客服方面，ChatGPT 可以作为智能客服的代表，回答用户的问题、提供解决方案，并且能够根据用户的需求进行个性化的推荐和服务。这将大大提高客户服务的效率和质量。在创作和娱乐方面，ChatGPT 可以应用于创作和娱乐领域，例如写作、音乐创作、游戏等。它能够生成有趣、富有创意的内容，为用户提供更加丰富、多样化的娱乐体验。在教育和培训方面，ChatGPT 可以作为教育和培训领域的辅助工具，例如智能辅导、在线学习等。它能够根据学生的需求和学习进度提供个性化的学习资源和辅导服务，提高学习效果和效率。

◆ ChatGPT 的挑战和争议。尽管 ChatGPT 具有广泛的应用前景，但是也面临着一些挑战和争议。其中最大的挑战是数据隐私和安全问题。由于 ChatGPT 的训练数据来自互联网上的大量文本，其中可能包含用户的个人信息和隐私数据，因此需要采取有效的措施来保护用户的隐私和数据安全。此外，ChatGPT 的生成语言可能存在误导性和不准确性等问题，需要进一步完善和优化模型算法。

总之，ChatGPT 是一种具有广泛应用前景的大型语言模型，将推动人工智能领域的发展和创新。未来，随着技术的不断进步和应用场景的不断扩展，ChatGPT 将会在更多领域发挥重要作用，为人类带来更加便捷、智能化的生活体验。同时，也需要关注其面临的挑战和争议，积极采取措施来保护用户的隐私和数据安全，不断完善和优化模型算法，提高其准确性和可靠性。

Question 14

人工智能语言模型的核心技术是什么?

人工智能语言模型是一种基于深度学习的自然语言生成模型，其核心技术主要包括预训练、Transformer 网络和自回归模型。这些技术共同构成了人工智能语言模型强大的语言理解和生成能力，使其能够在各种自然语言处理任务中表现出色。

一是预训练技术。这是人工智能语言模型的核心技术之一，是指在大规模语料库上对模型进行训练，使其能够自动学习语言的规律和规则。在预训练过程中，人工智能语言模型使用了海量的无标签文本数据，比如网络百科全书和新闻文章等。通过这些数据的训练，人工智能语言模型可以获取自然语言的语法、句法和语义等信息，从而生成自然流畅的语言表达。

预训练技术的关键在于如何有效地利用大规模语料库中的信息。人工智能语言模型采用了基于 Transformer 架构的神经网络模型，该模型具有自注意力机制和并行计算能力，能够处理长序列数据并捕捉到其中的上下文信息。在预训练过程中，人工智能语言模型通过优化模型参数，使得模型能够自动学习到语言的结构和规律，并且能够在各种自然语言处理任务中进行迁移学习。

二是 Transformer 网络。这是人工智能语言模型的另一个核心技术，是一种基于自注意力机制的神经网络，能够有效地处理长文本序列，并且能够捕捉到序列中的上下文信息。相较于传统的循环神经网络（RNN）和卷积神经网络（CNN），Transformer 网络具有更好的并行计算能力和长距离依赖关系建模能力。

在人工智能语言模型中，Transformer 网络被用于构建模型的编码器和解码器部分。编码器负责将输入文本转换为高维向量表示，而解码器则根据编码器的输出和已生成的文本序列来生成下一个单词。通过多层的 Transformer 网络堆叠，人工智能语言模型能够捕捉到输入文本中的复杂结构和语义信息，并且能够生成与上下文相关的文本。

三是自回归模型。这是人工智能语言模型生成文本的关键技术之一，是一种基于历史数据的统计模型，通过已生成的文本序列来预测下一个单词的概率分布。在人工智能语言模型中，自回归模型被用于解码器部分，根据已生成的文本序列和编码器输出来预测下一个单词。

自回归模型的优点在于它能够生成自然、流畅的文本序列，并且能够根据上下文信息进行自适应的调整。通过最大化预测单词的概率分布与实际单词的匹配程度，自回归模型能够逐渐学习到自然语言的生成规律，并且能够在各种自然语言处理任务中表现出色。

综上所述，这些技术的结合使得人工智能语言模型成为自然语言处理领域最具代表性的技术之一，应用于多个领域，为人们提供更加便捷、高效的交流和沟通方式。与此同时，通过不断地优化和改进这些核心技术，人工智能语言模型将会在未来的人工智能领域中发挥更加重要的作用。

Question 15

人工智能语言模型当前能解决什么问题?

人工智能语言模型是一种基于深度学习的自然语言处理模型，利用大规模语料库进行预训练，通过 Transformer 网络和自回归模型等技术，实现了强大的语言理解和生成能力。人工智能语言模型的应用范围非常广泛，可以解决很多问题。

一是智能问答。人工智能语言模型可以作为智能问答系统的核心组件，通过理解用户的问题并生成相应的回答，为用户提供快速、准确的信息和帮助。与传统的问答系统相比，人工智能语言模型具有更强的自然语言理解能力和更灵活的生成能力，可以处理更加复杂的问题和场景。例如，用户可以咨询某个领域的知识、寻求解决问题的建议、获取最新的新闻资讯等，人工智能语言模型都能够给出相应的回答和帮助。

二是情感分析。人工智能语言模型可以应用于情感分析领域，通过分析文本中的情感倾向和情感表达，来判断文本的情感极性和情感强度。例如，在社交媒体、电影评论、产品评价等领域中，人工智能语言模型可以分析用户的文本数据，了解用户的情感态度和意见反馈，为企业和个人提供有价值的参考信息。

三是文本生成。人工智能语言模型可以应用于文本生成领域，通过生成自然、流畅的文本内容，为用户提供更加丰富、多样化的娱乐体验和信息服务。例如，人工智能语言模型可以生成小说、诗歌、新闻、广告等文本内容，为用户提供个性化的阅读体验和信息服务。

四是智能客服。人工智能语言模型可以作为智能客服的代表，通过理解用户的问题和需求，并提供相应的解决方案和服务，为用户提供更加便捷、高效的客户服务体验。例如，在电商、金融、医疗等领域中，人工智能语言模型可以作为智能客服的核心组件，为用户提供咨询、投诉、预约等服务。

五是教育辅导。人工智能语言模型可以应用于教育辅导领域，为学生提供个性化的学习资源和辅导服务。例如，在线学习平台，人工智能语言模型可以根据学生的学习进度和需求，提供相应的学习资源和题目解答。同时，人工智能语言模型也可以作为智能辅导系统的核心组件，为学生提供个性化的学习计划和辅导服务。

随着技术的不断进步和应用场景的不断扩展，人工智能语言模型的应用范围将会越来越广泛，发挥更加重要的作用，为人类的工作和生活带来更多的便利和智慧。

Question 16

哪些问题是人工智能语言模型擅长回答的?

人工智能语言模型是一种强大的自然语言处理模型，通过深度学习和自然语言处理技术进行训练，能够理解和生成人类语言，并尝试回答各种问题。然而，就像任何技术一样，人工智能语言模型也有其擅长的领域。

一是事实性问题。人工智能语言模型在训练过程中接触了大量的文本数据，因此它对于事实性问题有着较强的处理能力。事实性问题是指可以通过查询文本或知识库直接获取答案的问题，例如历史事件、科学知识、地理信息等。人工智能语言模型能够快速地从大量的文本数据中提取相关信息，为用户提供准确的答案。

二是文本理解和分析。人工智能语言模型擅长对文本进行深入的理解和分析。它可以处理复杂的文本结构，捕捉到文本中的上下文信息，理解文本的语义和情感。因此，对于需要深入理解文本的问题，如文学作品分析、电影评论、新闻报道解读等，人工智能语言模型能够提供有深度的分析和见解。

三是逻辑推理和判断。人工智能语言模型在训练过程中学习了大量的语言规则和模式，这使得它具有一定的逻辑推理和判断能力。对于一些需要逻辑推理和判断的问题，如数学题、逻辑推理题等，人工智能语言模型能够给出正确的答案或解题思路。

四是语言生成和创作。人工智能语言模型具有强大的语言生成能力，它可以生成自然、流畅的文本内容。因此，对于一些需要语言生成和创作的问题，如写作建议、故事创作、广告文案等，人工智能语言模型能够提供富有创意和启发性的回答。

五是跨领域知识融合。人工智能语言模型在训练过程中接触了来自不同领域的文本数据，这使得它能够将不同领域的知识进行融合。对于一些需要跨领域知识融合的问题，如科技与社会的关系、艺术与科学的交汇等，人工智能语言模型都能够提供独特的视角和见解。

综上所述，人工智能语言模型擅长回答的问题类型包括事实性问题、文本理解和分析、逻辑推理和判断、语言生成和创作以及跨领域知识融合等。这些领域都是人工智能语言模型在训练过程中大量接触的，也是其性能表现最为出色的。然而，需要注意的是，虽然人工智能语言模型在这些领域表现出色，但它并不是万能的。对于一些需要专业知识或特定技能的问题，如医学诊断、法律建议等，人工智能语言模型可能无法提供准确的答案。此外，由于语言本身的复杂性和多样性，人工智能语言模型在处理某些问题时也可能出现误解或歧义。因此，在使用人工智能语言模型时，我们需要明确其擅长的领域和局限性，以便更好地利用它的优势并避免潜在的风险。

Question 17

如何有效地向人工智能语言模型提问？

向人工智能语言模型有效提问是一个需要技巧和方法的过程，因为一个好的问题可以帮助人们获得更准确、有用的答案，而一个不明确的或模糊的问题可能会导致混淆和误解。以下是一些有效的向人工智能语言模型提问的技巧和方法。

一是明确问题。在向人工智能语言模型提问之前，首先要确保问题本身是明确的、具体的。避免使用含混不清的词汇，尽量使用具体、明确的词汇来描述您的问题。同时，也要确保问题的语法和拼写是正确的，这样可以避免人工智能语言模型对问题的误解。

二是提供上下文信息。当向人工智能语言模型提问时，提供足够的上下文信息可以帮助人工智能语言模型更好地理解问题。例如，询问某个特定领域的问题，可以先提供一些相关的背景信息或数据，这样可以帮助人工智能语言模型更好地理解问题并提供更准确的答案。

三是避免歧义和误解。为了确保人工智能语言模型正确理解问题，避免使用具有歧义或多种解释的词汇和短语。如果必须使用这些词汇和短语，请尽量提供更多的上下文信息以帮助人工智能语言模型正确理解意图。

四是使用简洁的语言。尽量使用简洁、明了的语言来提问，避免使用过于复杂或晦涩难懂的句式结构或专业术语。这可以帮助人工智能语言模型更好地理解问题并提供更准确的答案。

五是避免重复提问。在向人工智能语言模型提问时，避免重复提交相同的问题。如果已经提交了一个问题并得到答案，但对答案不满意或需要更多信息，可以尝试以不同的方式重新表述问题或提供更多的上下文信息，以获得更准确的答案。

六是检查和理解答案。在得到人工智能语言模型的回答后，请务必仔细检查并理解答案。如果对答案有任何疑问或需要更多信息，可以尝试以不同的方式重新表述问题或提供更多的上下文信息，以获得更准确的回答。同时，也要注意理解答案的局限性和不确定性，因为人工智能语言模型的回答可能不是完全准确或完整的。

总之，向人工智能语言模型提问需要明确问题、提供上下文信息、避免歧义和误解、使用简洁的语言、避免重复提问以及检查和理解答案等。通过使用这些技巧和方法，可以更好地利用人工智能语言模型的优势并获得更准确、有用的答案。同时，也要注意人工智能语言模型的局限性和不确定性，以便更好地评估和使用其提供的答案。

Question 18

什么是提示工程师？

提示工程师（Prompt Engineer）是近年来随着人工智能技术的快速发展而兴起的一个新兴职业。其工作核心在于与人工智能系统进行交互，通过精心设计的提示来引导人工智能生成符合预期地输出。提示工程师在人类与人工智能的交互中发挥着桥梁和纽带的作用，其工作对于提高人工智能系统的智能水平、改善用户体验以及推动人工智能技术的实际应用具有重要意义。

◆提示工程师的职责

一是设计提示。提示工程师需要根据人工智能系统的应用场景和需求，设计合适的提示，引导用户输入正确的信息或指令。这些提示可以是文本、图像、音频等多种形式，旨在帮助用户更好地与系统进行交互。

二是优化提示。通过对用户行为和反馈的分析，提示工程师需要不断优化提示的设计，提高提示的准确性和有效性。优化的目标可以是提高用户满意度、减少误操作、提高系统性能等。

三是测试与评估。提示工程师需要对设计的提示进行严格的测试和评估，确保其在各种场景下都能正常工作。测试和评估的方法可以包括用户调研、A/B 测试、数据分析等。

四是跨团队协作。提示工程师需要与其他团队成员紧密合作，包括产品经理、设计师、开发者等，共同推动人工智能系统的改进和优化。

◆提示工程师的技能要求

一是人工智能基础知识。提示工程师需要具备一定的人工智能基础知识，包括机器学习、深度学习、自然语言处理等。这些知识有助于理解人工智能系统的工作原理和性能优化方法。

二是用户研究能力。提示工程师需要了解用户需求和行为习惯，具备用户研究能力。通过用户调研、数据分析等方法，发现用户在与系统交互过程中遇到的问题和痛点，为设计更优化的提示提供依据。

三是创意思维能力。设计优秀的提示需要具备创意思维能力，能够从不同的角度思考问题，提出新颖的解决方案。同时，还需要关注行业动态和最新技术趋势，不断学习和创新。

四是数据分析能力。提示工程师需要具备一定的数据分析能力，能够运用数据分析工具和方法对系统性能、用户行为等数据进行深入挖掘和分析。通过对数据的分析，可以发现潜在的问题和改进空间，为优化提示提供数据支持。

五是团队协作能力和沟通能力。提示工程师需要与产品经理、设计师、开发者等多个团队成员紧密合作，共同推动项目的进展。因此，良好的团队协作能力和沟通能力对于提示工程师来说至关重要。

◆未来发展趋势

随着人工智能技术的不断发展和普及，提示工程师的职业前景将越来越广阔。未来，提示工程师可能会面临以下发展趋势：

一是个性化提示。随着用户对个性化体验的需求日益增长，未来的提示设计将更加注重个性化。提示工程师需要运用机器学习和大数据技术，为用户提供更加符合其需求和喜好的个性化提示。

二是多模态交互。未来的人工智能系统将支持多种交互方式，如语音、手势、表情等。提示工程师需要掌握多模态交互技术，设计出更加自然、便捷的提示方式。

三是智能推荐。基于用户历史行为和兴趣爱好的智能推荐技术将在未来得到更广泛的应用。提示工程师可以利用智能推荐技术，为用户提供更加精准、有用的提示信息。

四是跨领域融合。随着人工智能技术在各行业的广泛应用，提示工程师需要与不同领域的专业人士进行合作和交流。这将有助于开阔视野、丰富知识体系，并推动人工智能技术在各行业的深度融合和发展。

总之，作为新兴的职业群体，提示工程师在人工智能技术的发展和应用过程中发挥着重要作用。未来随着技术的不断进步和应用场景的不断拓展，提示工程师的职业前景将更加广阔和多元化。

Question 19

人工智能有哪些开源的实战项目?

人工智能的开源实战项目非常丰富，涵盖了机器学习、自然语言处理、计算机视觉、强化学习等多个领域。一些具有代表性和影响力的开源实战项目介绍如下。

◆机器学习库和框架

一是 Scikit-learn。其是 Python 的一个开源机器学习库，提供了各种分类、回归、聚类等算法，以及数据预处理、模型评估等功能。其简洁的 API 和丰富的文档使得它成为机器学习初学者的首选工具。

二是 TensorFlow。由 Google 开发的 TensorFlow 是一个开源机器学习框架，广泛应用于深度学习、自然语言处理、计算机视觉等领域。TensorFlow 支持分布式训练，可以在 CPU、GPU 和 TPU 等多种硬件上运行。

三是 PyTorch。Facebook 开发的 PyTorch 是另一个流行的深度学习框架，以动态计算图和易于使用的 API 著称。PyTorch 支持快速原型设计和灵活的模型开发，适用于各种深度学习应用。

◆自然语言处理

一是 BERT（Bidirectional Encoder Representations from Transformers），是一种基于 Transformer 的自然语言处理模型，由 Google 开发并开源。BERT 在各种 NLP 任务中都取得了显著的性能提升，如文本分类、情感分析、问答系统等。

二是 GPT（Generative Pre-trained Transformer）系列：OpenAI 开发的 GPT 系列模型是一种自然语言生成模型，可以根据给定的文本生成连贯的后续文本。GPT 模型在文本生成、对话系统等领域有广泛应用。

◆计算机视觉

一是 OpenCV。其是一个开源计算机视觉库，包含了大量的图像处理和计算机视觉算法。OpenCV 支持多种编程语言，如 Python、C++ 等，是计算机视觉领域的研究者和开发者的常用工具。

二是 Detectron。Facebook 开发的 Detectron 是一个基于 PyTorch 的开源目标检测库，提供了多种先进的目标检测算法和预训练模型。Detectron 支持自定义数据集和灵活的配置选项，使得研究者可以轻松地进行目标检测实验。

◆强化学习

一是 OpenAI Gym。OpenAI 开发的 Gym 是一个开源强化学习平台，提供了各种环境和算法接口。Gym 支持多种编程语言，如 Python、C++ 等，并提供了丰富的文档和示例代码，方便研究者进行强化学习实验。

二是 Stable Baselines。其是一个基于 PyTorch 的开源强化学习库，提供了多种稳定的强化学习算法实现。该学习库注重代码质量和可复现性，为研究者提供了一个可靠的强化学习研究工具。

◆其他领域

一是 AutoML（Automated Machine Learning）。其旨在自动化机器学习模型的构建和优化过程。Google 的 AutoML Vision 和 AutoML Tables 等开源项目为研究者提供了自动化构建和优化机器学习模型的工具。

二是 Hugging Face Transformers。Hugging Face 开发的 Transformers 库是一个包含众多最先进 NLP 模型的开源项目。该项目提供了预训练模型和易于使用的 API，使得研究者可以轻松地应用或改进这些模型。

综上所述，人工智能领域的开源实战项目涵盖了从基础的机器学习库到高级的深度学习框架和应用，在推动人工智能技术的发展和应用方面发挥了重要作用。

Question 20

人工智能可以自行修改学习过的内容吗?

人工智能可以自行修改学习过的内容，这是人工智能领域中一个重要的研究方向，被称为机器学习中的增量学习或终身学习。增量学习是指人工智能系统能够不断从新的数据中学习新的知识，同时保留并更新之前学过的内容。这种学习方式使得人工智能系统能够适应不断变化的环境和任务，实现持续的知识积累和技能提升。增量学习对于构建具有自主学习和适应能力的人工智能系统具有重要意义。

◆关于人工智能实现增量学习

一是数据驱动的方法。通过不断地收集新的数据，并使用机器学习算法对这些数据进行训练，从而使模型适应新的数据和任务。这种方法需要大量的标注数据，并且在新旧数据分布差异较大时可能面临挑战。

二是知识蒸馏。利用已经训练好的模型（教师模型）来指导新模型（学生模型）的学习。教师模型将其知识以软标签的形式传递给学生模型，使得学生模型能够在新的数据上取得更好的性能。

三是参数调整与优化。通过对已训练模型的参数进行微调，使其适应新的数据和任务。这种方法可以在一定程度上保留旧知识，同时学习新知识。

四是动态网络结构。构建能够动态调整网络结构的模型，以适应不断变化的数据和任务。这种方法可以在一定程度上解决模型容量与计算资源的矛盾。

◆关于增量学习的挑战与解决方案

一是灾难性遗忘。当模型在新数据上训练时，可能会忘记之前学过的内容。解决这一问题的方法包括使用记忆回放、正则化技术等来保留旧知识。

二是数据分布变化。随着时间的推移，数据的分布可能会发生变化，导致模型性能下降。解决方法包括使用领域适应技术、迁移学习等来应对数据分布的变化。

三是计算资源限制。增量学习需要大量的计算资源，尤其是在处理大规模数据时。解决方法包括使用高效的算法、分布式计算等来降低计算成本。

四是隐私与安全。在增量学习过程中，需要处理大量的用户数据，涉及隐私和安全问题。解决方法包括使用差分隐私技术、加密计算等来保护用户隐私和数据安全。

增量学习是实现人工智能持续学习和适应不断变化环境的关键技术之一。尽管面临诸多挑战，但随着技术的不断发展和创新，我们有理由相信未来能够构建出更加智能、灵活和可靠的人工智能系统。在未来，增量学习的理论和技术发展将是研究重点，以探索更加高效、安全和可解释的增量学习方法，为人工智能的广泛应用和持续发展做出贡献。

第 2 部分

人工智能和社会

Question 21

当前的人工智能主要有哪些用处?

随着科技的飞速发展，人工智能已经渗透到我们生活的方方面面，从智能手机到自动驾驶汽车，从智能家居到医疗诊断，人工智能的应用场景不断扩大。

一是智能语音助手，其是人工智能技术的典型应用之一，能够识别和理解人类语言，为用户提供信息查询、任务提醒、娱乐播放等服务。例如，苹果的Siri、谷歌的Google Assistant和亚马逊的Alexa等智能语音助手已经成为人们日常生活中的得力助手。它们不仅可以通过语音与用户进行交互，还可以通过不断学习用户的习惯和需求，提供更加个性化的服务。

二是自动驾驶，其是人工智能技术在交通领域的重要应用。通过集成深度学习、计算机视觉和传感器技术，自动驾驶汽车能够实时感知周围环境，自主规划行驶路线，并在复杂交通场景下做出安全决策。目前，许多汽车制造商和科技公司都在积极研发自动驾驶技术，以期提高交通效率和安全性。

三是智能家居，其是利用人工智能技术打造的智能化家庭环境。通过智能设备和传感器，智能家居系统能够实时监测家庭环境，并根据用户需求自动调节室内温度、湿度、光线等参数。同时，智能家居系统还能与智能语音助手等设备进行联动，为用户提供更加便捷的生活体验。

与此同时，人工智能在医疗、教育、工业、金融等领域的应用也在逐渐增多。

一是医疗领域。通过深度学习等技术，人工智能能够辅助医生进行疾病诊断和治疗方案制定。例如，人工智能可以通过分析医学影像数据，帮助医生快速准确地识别肿瘤等病变；此外，人工智能还可以通过分析患者的基因组数据，为个性化治疗提供科学依据。

二是教育领域。通过智能教学系统，人工智能能够根据学生的学习进度和需求，提供个性化的学习资源和辅导。同时，人工智能还可以通过自然语言处理技术，辅助教师批改作业和评估学生的学习成果。此外，虚拟现实（VR）和增强现实（AR）技术也与人工智能相结合，为学生提供更加丰富的学习体验。

三是工业领域。人工智能技术的应用正在推动工业 4.0 的发展。通过机器学习等技术，人工智能能够实时监测生产过程，预测设备故障，提高生产效率和质量。同时，人工智能还能够协助工程师进行产品设计和优化，降低生产成本和能源消耗。

四是金融领域。人工智能技术被广泛应用于投资决策和风险管理。通过分析海量数据和市场趋势，人工智能能够为投资者提供更加精准的投资建议；同时，还能够协助金融机构识别欺诈行为和评估信贷风险，保障金融安全。

当前的人工智能技术已经渗透到各个领域并发挥着重要作用。随着技术的不断发展和应用场景的不断拓展，人工智能将在未来为生活带来更多的便利和创新。同时，也需要关注人工智能技术的伦理和社会影响，确保其在推动社会进步的同时维护人类的根本利益和价值观。

Question 22

如何理解人工智能的伦理和偏见问题?

人工智能作为当今时代最具影响力的技术之一，正在重塑我们的社会、经济和日常生活。然而，随着人工智能的广泛应用，其伦理和偏见问题也逐渐凸显出来，引发了社会各界的广泛关注和深入讨论。

◆人工智能伦理问题的本质

人工智能伦理问题主要涉及以下几个方面：

一是隐私和数据保护。人工智能系统通常需要大量数据进行训练和优化，而这些数据往往包含个人隐私信息。如何在利用数据的同时保护个人隐私，是人工智能伦理面临的重要挑战。二是自动化决策与责任。人工智能系统能够自主地进行决策和行动，但当这些决策导致不良后果时，如何界定责任是一个复杂的问题。同时，由于人工智能决策的复杂性，很多时候难以追溯其决策过程，进一步加剧了责任界定的难度。三是公平性和歧视。人工智能系统的决策可能受到训练数据中偏见的影响，从而对某些群体产生不公平的待遇。例如，招聘算法可能因历史数据中的性别偏见而倾向于选择男性候选人。这种歧视性决策不仅违反了公平原则，还可能加剧社会的不平等现象。

◆人工智能偏见问题的根源

人工智能偏见问题的产生主要有以下几个原因：

一是数据偏见。训练数据的偏见是导致人工智能偏见的主要原因之一。如果训练数据中存在某种偏见，那么人工智能模型很可能会学习到这种偏见并在决策中体现出来。二是算法设计。某些算法的设计本身就可能导致偏见。例如，一些机器学习算法可能倾向于优化某些特定指标，而忽视了其他重要因素，从而导致决策的不公平。三是人类干预。在人工智能系统的开发和使用过程中，人类的干预也可能引入偏见。例如，开发者可能在设计算法时无意中将自己的偏见嵌入系统中，或者使用者在使用人工智能系统时受到自身偏见的影响。

◆解决人工智能伦理和偏见问题的策略

要解决人工智能的伦理和偏见问题，需要从多个层面出发：

一是加强法律法规建设。政府和相关机构应制定和完善相关法律法规，明确人工智能技术的使用范围和限制，确保其符合社会伦理和道德标准。同时，应加强对人工智能技术的监管和评估，对违反规定的行为进行惩处。二是提高算法透明度与可解释性。通过改进算法设计和技术手段，提高人工智能决策的透明度和可解释性。这将有助于公众理解人工智能的决策过程，减少误解和不信任。三是多元化数据集与算法设计。在收集和使用数据时，应注重数据的多样性和代表性，避免单一数据来源导致的偏见。同时，通过改进算法设计和技术手段，减少算法本身的偏见倾向。四是鼓励社会监督与参与。鼓励社会各界积极参与人工智能技术的监督和管理，形成多元化的监督机制。同时，加强与国际社会的合作与交流，共同推动人工智能技术的健康发展。

总之，人工智能的伦理和偏见问题是我们在享受技术便利的同时必须面对的挑战。通过深入理解和探讨这些问题，我们可以找到合适的解决方案，推动人工智能技术朝着更加公正、透明和可持续的方向发展。

Question 23

人工智能在决策支持系统中的应用是什么？

随着科技的飞速发展，人工智能已经逐渐渗透到我们生活的各个领域，其中，决策支持系统（DSS）是人工智能技术的重要应用领域之一。决策支持系统是一种通过结合数据、模型、知识和人机交互等技术，为决策者提供全面、准确、及时的信息支持，以帮助其做出更科学、更合理的决策的系统。

一是人工智能在决策支持系统中的核心作用。在数据处理与分析方面，人工智能技术能够自动处理和分析大量数据，通过数据挖掘、模式识别等方法，提取出有价值的信息和知识，为决策者提供全面的数据支持。在模型构建与优化方面，人工智能技术可以构建各种复杂的决策模型，如预测模型、优化模型等，这些模型能够模拟现实世界的各种复杂情况，为决策者提供科学的决策依据。在知识推理与学习方面，人工智能技术能够模拟人类的思维过程，通过知识推理和学习，不断积累经验和知识，提高决策支持系统的智能化水平。

二是人工智能在决策支持系统中的具体应用。在智能数据分析与可视化方面，人工智能技术可以实现对海量数据的自动分析和可视化展示，帮助决策者快速了解数据背后的规律和趋势，提高决策效率。在智能预测与决策方面，通过人工智能技术构建的预测模型，可以对未来发展趋势进行准确预测，为决策者提供科学的预测结果和决策建议。在智能优化与仿真方面，人工智能技术可以构建各种优化模型，通过智能优化算法对复杂问题进行求解，找到最优解决方案。同时，还可以通过仿真技术对决策方案进行模拟和评估，降低决策风险。在智能交互与协同方面，人工智能技术可以实现与决策者的智能交互，根据决策者的需求和偏好提供个性化的决策支持。此外，还可以实现多个决策者之间的协同工作，提高决策效率和准确性。

三是人工智能在决策支持系统中的优势与挑战。在优势方面，人工智能技术能够提高决策支持系统的智能化水平，实现数据的自动处理和分析、模型的自动构建和优化、知识的自动推理和学习等功能，从而大大提高决策效率和准确性。同时，人工智能技术还能够降低决策风险，提高决策的科学性和合理性。尽管人工智能技术在决策支持系统中具有显著优势，但也面临一些挑战。例如，如何保证人工智能技术的可靠性和安全性是一个重要问题。另外，如何实现人工智能技术与人类专家的有效协同也是一个需要解决的问题。此外，随着数据的不断增加和模型的日益复杂，如何提高人工智能技术的处理能力和计算效率也是一个重要的研究方向。

总之，人工智能技术在决策支持系统中具有广泛的应用前景和巨大的潜力。通过深入研究和实践探索，可以不断完善和发展人工智能技术在决策支持系统中的应用，为决策者提供更加全面、准确、及时的信息支持，推动决策科学化和智能化的发展进程。未来，随着技术的不断进步和创新发展，我们相信人工智能技术在决策支持系统中的应用将会取得更加显著的成果和突破。

Question 24

人工智能和大数据在数据安全和隐私保护方面面临哪些挑战?

随着人工智能和大数据技术的飞速发展，在各个领域的应用越来越广泛，为人们的生活带来了诸多便利。然而，这些技术在数据安全和隐私保护方面也面临着前所未有的挑战。

◆ 在数据安全方面的挑战

一是数据泄露的风险。人工智能和大数据技术的应用需要大量的数据输入，包括个人身份信息、交易数据等敏感信息。一旦这些数据泄露，将对个人隐私和企业安全造成严重威胁。二是恶意攻击与数据篡改。黑客利用人工智能技术发起更高级别的恶意攻击，如通过机器学习算法分析网络漏洞并发起针对性攻击，或者篡改大数据分析结果以误导决策。三是算法安全性问题。人工智能算法本身可能存在安全漏洞，如对抗性攻击可使算法产生错误输出，进而影响人工智能系统的稳定性和安全性。

◆在隐私保护方面的挑战

一是隐私泄露风险。在大数据分析中，个人隐私信息可能无意中被泄露。例如，通过分析用户在社交媒体上的行为，可能揭示其政治倾向、宗教信仰等敏感信息。二是数据歧视问题。基于大数据的决策可能产生歧视性结果，如某些算法可能因历史数据中的偏见而倾向于对某些群体做出不公平的决策。三是被遗忘权与数据持久性冲突。被遗忘权是指个人有权要求删除其个人数据，然而大数据的持久性使得这些数据难以被完全删除，从而对被遗忘权构成挑战。

◆解决方案与建议

一是加强法律法规建设。政府应制定和完善相关法律法规，明确人工智能和大数据技术在数据安全和隐私保护方面的责任和义务，加大对违法行为的惩处力度。二是提升技术安全性，企业和研究机构应加强对人工智能和大数据技术的安全性研究，发展更加安全可靠的算法和模型，降低数据泄露和隐私侵犯的风险。三是推动数据匿名化和加密技术的发展。通过数据匿名化和加密技术，可以在一定程度上保护个人隐私和数据安全。例如，采用差分隐私技术可以在保证数据分析准确性的同时保护个人隐私。

总之，人工智能和大数据在数据安全和隐私保护方面面临着诸多挑战。要应对这些挑战，需要政府、企业、研究机构和公众共同努力，从法律、技术、教育和伦理等多个层面出发，构建全方位的数据安全和隐私保护体系。只有这样，才能充分发挥人工智能和大数据技术的优势，同时确保数据安全和隐私权得到有效保障。

Question 25

人工智能大模型是什么，如何应用？

人工智能大模型是指具有超大规模参数和超强计算能力的机器学习模型，通常拥有数十亿甚至千亿级别的参数量。这些模型通过深度学习算法进行训练，能够处理海量数据，并完成各种复杂任务，如自然语言处理、图像识别、语音识别等。随着计算机硬件性能的提升和深度学习算法的不断优化，人工智能大模型的发展日新月异，已经在多个领域产生了广泛影响。

◆人工智能大模型的概念和原理

人工智能大模型，又称深度学习大模型，是一种基于深度学习技术的神经网络模型。它通过对大量数据的学习来掌握数据的内在规律和表示方式，从而能够完成对新的数据进行预测和分类等任务。相比于传统的机器学习模型，人工智能大模型具有更强的表达能力和更高的性能，能够处理更加复杂和多样化的任务。

人工智能大模型的训练过程通常包括以下几个步骤：数据

预处理、模型构建、模型训练和模型评估。其中，数据预处理是指对原始数据进行清洗、转换和标准化等操作，以便于模型的学习和训练。模型构建是指选择合适的神经网络结构和参数初始化方法，构建出具有巨大参数规模的模型。模型训练是指利用大量的训练数据对模型进行迭代优化，调整模型的参数以最小化预测误差。模型评估是指对训练好的模型进行测试和验证，评估其性能和泛化能力。

◆人工智能大模型的应用

人工智能大模型在许多领域都有广泛的应用，下面我们将分别介绍几个典型的应用场景。

一是自然语言处理是人工智能领域的一个重要分支，旨在让计算机能够理解和处理人类语言。人工智能大模型在自然语言处理领域取得了显著的进展，例如，谷歌的 BERT 模型和 OpenAI 的 GPT 系列模型。这些模型通过训练大量的文本数据，学习了自然语言的语法、语义和上下文信息，从而能够完成各种自然语言处理任务，如文本分类、情感分析、问答系统等。

二是计算机视觉是人工智能领域的另一个重要分支，旨在让计算机能够理解和分析图像和视频等视觉信息。人工智能大模型在计算机视觉领域也有广泛的应用，例如卷积神经网络（CNN）和生成对抗网络（GAN）。CNN 通过训练大量的图像数据，学习了图像的各种特征和表示方式，从而能够完成图像分类、目标检测、人脸识别等任务。GAN 则是一种生成式模型，能够生成具有高度真实感的图像和视频，被广泛应用于图像生成、视频合成和虚拟现实等领域。

三是语音识别和自然语言生成是人工智能领域的另外两个重要应用方向。人工智能大模型在这两个领域也有广泛的应用，例如谷歌的 Wavenet 模型和 OpenAI 的 Tacotron 模型。这些模型通过训练大量的语音数据，学习了语音信号的特征和表示方式，从而能够完成语音识别、语音合成等任务。同时，这些模型还能够将文本转换为自然语音，实现自然语言生成的功能。

四是推荐系统和广告投放是互联网行业的两个重要应用方向。人工智能大模型能够通过分析用户的历史行为、兴趣爱好等信息，为用户推荐个性化的内容和服务。同时，这些模型还能够根据用户的特征和需求，为广告主投放更加精准的广告。这些应用不仅提高了用户体验和满意度，也为企业带来了巨大的商业价值。

◆ 人工智能大模型的挑战和未来发展方向

尽管人工智能大模型在许多领域都取得了显著的进展，但也面临着一些挑战和问题。例如，模型的巨大参数规模导致训练和推理的计算成本高昂，模型的泛化能力和鲁棒性有待提高；模型的隐私和安全问题需要关注，等等。为了解决这些问题，未来的人工智能大模型研究将朝着以下几个方向发展：

一是模型压缩和加速。研究更有效的模型压缩和加速技术，降低模型的计算成本和存储需求。

二是模型泛化和鲁棒性增强。研究如何提高模型的泛化能力和鲁棒性，使其能够适应更加复杂和多样化的任务和环境。

三是可解释性和可信度提高。研究如何提高模型的可解释性和可信度，使其能够更好地与人类进行交互和合作。

四是隐私和安全保护。研究如何在保证模型性能的同时，保护用户的隐私和数据安全。

五是多模态学习和跨模态应用。研究如何利用多模态数据进行学习和应用，实现更加自然和便捷的人机交互体验。

Question 26

未来人工智能将如何改变销售模式?

随着人工智能技术的不断发展和应用，未来的销售模式将会发生深刻的变革。

一是智能化的客户管理和分析。未来的销售模式将更加注重客户管理和分析。人工智能技术可以帮助企业建立智能化的客户管理系统，实现客户信息的自动化收集、整理和分析。通过对客户数据的深入挖掘和分析，企业可以更加准确地了解客户的需求和偏好，为客户提供更加个性化的产品和服务。

同时，人工智能技术还可以帮助企业预测客户的行为和趋势，从而制定更加精准的销售策略。例如，通过分析客户的购买历史、浏览行为等数据，企业可以预测客户未来的购买意向和需求，提前进行产品推广和销售准备，提高销售成功率和客户满意度。

二是智能化的销售流程自动化。未来的销售模式将更加注重销售流程的自动化和智能化。人工智能技术可以帮助企业实现销售流程的自动化，包括线索管理、客户跟进、合同签订、收款等各个环节。通过自动化的销售流程，企业可以大大提高销售效率，减少人力成本和时间成本，同时降低人为错误和漏洞的风险。

此外，人工智能技术还可以帮助企业实现智能化的销售决策。例如，通过分析市场趋势、竞争对手、客户需求等数据，企业可以制定更加科学合理的销售策略和定价策略，提高销售业绩和市场份额。

三是智能化的售后服务和客户体验。未来的销售模式将更加注重售后服务和客户体验。人工智能技术可以帮助企业提供智能化的售后服务和客户体验解决方案，包括在线客服、智能语音应答、智能推荐等。通过智能化的售后服务和客户体验，企业可以更加及时地响应客户的需求和问题，提高客户满意度和忠诚度。

同时，人工智能技术还可以帮助企业实现客户体验的个性化。例如，通过分析客户的购买历史、反馈意见等数据，为客户提供更加个性化的产品和服务建议，提高客户的购物体验和满意度。

四是智能化的销售渠道和营销策略。未来的销售模式将更加注重销售渠道和营销策略的智能化。人工智能技术可以帮助企业实现销售渠道的智能化管理和优化，包括电商渠道、社交媒体、线下渠道等各个渠道。通过智能化的销售渠道管理，企业可以更加精准地定位目标客户群体，提高销售效果和市场份额。

同时，人工智能技术还可以帮助企业实现营销策略的智能化制定和执行。例如，通过分析市场趋势、竞争对手、客户需求等数据，企业可以制定更加科学合理的营销策略和推广方案，提高品牌知名度和市场占有率。

从以上的分析可以看出，未来的人工智能技术将为销售领域带来更加高效、智能、个性化的解决方案，从而改变传统的销售模式，提升销售效率和客户满意度。企业需要积极拥抱人工智能技术，不断探索和创新销售模式，以适应市场的变化和客户的需求。

Question 27

人工智能会帮助企业降低生产成本吗？

随着科技的飞速发展，人工智能已经逐渐渗透到各个行业，为企业带来了前所未有的机遇。其中，人工智能在降低生产成本方面的潜力尤为引人瞩目。

一是在提高生产效率方面。人工智能可以通过自动化和优化生产流程，显著提高生产效率。例如，人工智能可以应用于智能制造系统，实现生产线的自动化和智能化。通过机器人和自动化设备替代人工操作，可以减少人为因素导致的生产延误和错误，提高生产速度和准确性。同时，人工智能可以对生产数据进行实时分析和优化，发现生产过程中的瓶颈和问题，及时调整生产计划和资源配置，确保生产顺利进行。

二是在降低人力成本方面。人力成本是企业生产成本的重要组成部分。人工智能可以通过自动化和智能化技术，减少企业对人力资源的依赖，从而降低人力成本。例如，人工智能可以应用于招聘和培训领域，通过自动化筛选简历、智能面试和在线培训等方式，提高招聘效率和培训效果，降低人力资源部门的工作量和成本。此外，人工智能还可以应用于员工管理和绩效评估等领域，通过自动化和智能化的方式，提高员工工作效率和满意度，降低员工流失率和人力成本。

三是在优化供应链管理方面。供应链是企业生产过程中不可或缺的一环。人工智能可以通过数据分析和预测技术，帮助企业优化供应链管理，降低采购成本、库存成本和运输成本等。例如，人工智能可以应用于采购领域，通过实时分析市场价格波动和供应商信息，为企业制定更加科学合理的采购策略，降低采购成本。同时，人工智能可以应用于库存管理领域，通过实时监测库存量和销售数据，预测未来需求变化，避免库存积压和浪费。此外，人工智能还可以应用于运输领域，通过智能调度和优化配送路线等方式，提高运输效率和准确性，降低运输成本。

尽管人工智能在降低生产成本方面具有巨大潜力，但也面临着一些挑战。首先，人工智能技术的应用需要大量的数据支持和算法训练，企业需要建立完善的数据收集和处理机制。其次，人工智能技术的引入可能会对传统工作岗位产生影响，企业需要做好员工培训和职业发展规划工作。最后，人工智能技术的安全性和隐私保护问题也需要引起企业的重视。

总之，人工智能在降低生产成本方面具有巨大的潜力和价值。通过提高生产效率、降低人力成本、优化供应链管理等途径，人工智能技术可以帮助企业实现生产成本的显著降低。然而，企业在应用人工智能技术时也需要关注其可能带来的挑战和问题，并采取相应的应对策略。只有这样，才能充分发挥人工智能技术的优势，为企业创造更大的价值。

Question 28

我们应该怎样从伦理角度看待人工智能?

随着人工智能技术的快速发展和广泛应用，对社会、经济和个人生活产生了深远的影响。因此，需要从伦理角度来审视和思考人工智能的发展和应用。

一是尊重人的尊严和权利。人工智能技术的发展和应用不应侵犯或削弱人的尊严和权利。例如，在使用人工智能技术进行决策时，应确保决策的公正性和透明性，避免歧视和不公平现象的发生。同时，应尊重个人隐私权，确保个人数据的安全和合法使用。在设计和应用人工智能技术时，应充分考虑到人的需求和利益，确保技术的使用符合伦理原则。

二是关注人工智能的社会影响。人工智能技术的发展和应用可能对就业、教育、医疗等领域产生重大影响。例如，自动化可能导致大量传统工作岗位的消失，从而对就业市场和社会稳定造成影响。因此，需要在发展人工智能技术的同时，关注其对社会结构和经济发展的影响，并采取相应的措施来应对潜在的负面影响。

三是推动人工智能的可持续发展。这意味着需要关注人工智能技术的环境影响和资源消耗，确保其发展与环境保护和可持续发展目标相一致。同时，应鼓励和支持人工智能技术的创新和应用，以促进经济、社会和环境的协调发展。

四是培养人工智能的道德意识。随着人工智能技术的不断发展，其自主性和智能水平也在不断提高。因此，需要培养人工智能的道德意识，使其能够理解和遵守社会道德规范。这可以通过在人工智能系统中嵌入道德规则和原则来实现，同时也可以通过教育和培训来提高人工智能开发者和使用者的道德意识。

五是加强人工智能的监管和治理。这包括制定与完善相关法律法规和政策措施，明确人工智能技术的开发和应用规范。同时，应建立有效的监管机制，对人工智能技术的使用进行监督和评估，确保其符合伦理原则和社会公共利益。此外，还应鼓励社会各界参与人工智能的治理过程，形成多元化的治理格局。

总之，从伦理角度看待人工智能是一个全面而深入的过程。需要尊重人的尊严和权利、关注人工智能的社会影响、推动其可持续发展、培养道德意识并加强监管和治理。通过这些措施的实施和落实，可以确保人工智能技术的发展与应用符合伦理原则和社会公共利益，为人类的未来创造更加美好、繁荣的社会环境。

Question 29

我们应该怎样从哲学角度看待人工智能?

人工智能的发展和应用不仅涉及技术和科学层面的问题，还触及人类思维、意识、伦理和存在等哲学基本问题。因此，需要从哲学角度来审视和思考人工智能，以更全面地理解其意义和影响。

一是人工智能与意识的关系。意识是人类思维的核心，是区分人类与其他生物的重要标志。而人工智能是否具有意识，一直是哲学界争议的问题。一方面，一些哲学家认为，人工智能只是模拟人类思维的一种工具，不具备真正的意识。另一方面，随着人工智能技术的不断发展，其表现出的智能水平越来越高，甚至在某些方面超过了人类，这使得一些人开始重新思考意识的本质和来源。因此，我们需要深入探讨人工智能与意识的关系，以更好地理解人工智能的本质和意义。

二是人工智能与人类思维的关系。人工智能的发展和应用对人类思维产生了深远的影响。一方面，人工智能可以帮助人类解决复杂的问题，加快科技进步的速度，提高人类的生产力和创造力。另一方面，随着人工智能技术的不断发展，其可能会在某些方面取代人类思维，甚至掌控人类社会的发展方向。因此，我们需要从哲学角度来审视人工智能与人类思维的关系，探讨如何发挥人工智能的优势，同时避免其对人类思维的负面影响。

三是人工智能与伦理道德的关系。随着人工智能技术的广泛应用，其对社会、经济和个人生活产生了深远的影响。因此，我们需要思考如何确保人工智能的发展和应用符合伦理道德原则。这涉及如何定义和判断“善”和“恶”、“正义”和“非正义”等伦理道德问题。同时，我们还需要关注人工智能可能带来的社会问题和风险，如失业、隐私泄露、安全问题等。因此，我们需要从哲学角度来审视人工智能与伦理道德的关系，探讨如何制定和应用相关伦理道德规范，以确保人工智能技术的健康发展。

四是人工智能与存在论的关系。存在论是哲学的基本问题之一，探讨的是存在的本质和意义。而人工智能的发展和应用对存在论提出了新的挑战和思考。例如，人工智能是否具有独立的存在地位？其存在是否具有意义和价值？这些问题涉及对存在的本质和意义的深入探讨。因此，我们需要从哲学角度来审视人工智能与存在论的关系，以更深入地理解存在的本质和意义。

总之，从哲学角度看待人工智能不仅需要关注技术的发展和创新，更需要探讨人工智能与意识、人类思维、伦理道德和存在论等基本哲学问题的关系。通过这些探讨和思考，可以更全面地理解人工智能的本质和意义，以及其对人类社会和个人生活的影响和挑战。同时，也可以为人工智能技术的发展与应用提供哲学层面的指导和支持，推动其健康、可持续地发展。

Question 30

我们应该怎样从法律角度看待人工智能?

随着人工智能技术的快速发展和广泛应用，对我们的社会、经济和个人生活产生了深远的影响，带来了前所未有的便利和效率。然而，正如任何新技术的出现一样，人工智能也带来了一系列法律上的挑战和争议。因此，需要从法律角度来审视和思考人工智能的发展和应用，以确保其合法、公正和可控。

一是明确人工智能的法律地位。目前，人工智能在法律上并没有明确的定义和地位，这导致了一系列法律问题的产生。例如，人工智能是否享有法律权利和责任？人工智能的行为是否受法律约束？因此，需要通过立法或司法解释等方式，明确人工智能的法律地位，为其在各个领域的应用提供明确的法律依据。

二是制定和完善相关的法律法规。针对人工智能的发展和应用，需要制定和完善相关的法律法规。这包括制定专门针对人工智能的法律法规，以及在现有法律法规中增加与人工智能相关的条款。例如，可以推动国家或地方立法部门制定关于人工智能数据安全、隐私保护、知识产权保护等方面的法律法规，以确保人工智能技术的合法使用和保护相关权益。

三是加强人工智能的监管和治理。这包括建立专门的监管机构，对人工智能技术的开发和应用进行监督与评估。同时，应完善相关的法律制度，明确监管机构的职责和权力，确保其能够有效地履行职责。此外，还应鼓励社会各界参与人工智能的治理过程，形成多元化的治理格局。

四是关注人工智能的法律责任问题。随着人工智能技术的不断发展，其自主性和智能水平也在不断提高。因此，需要关注人工智能的法律责任问题。当人工智能的行为侵害他人权益时，如何确定责任主体和承担责任的方式是一个重要的问题。一方面，开发者应该对其开发的人工智能系统的安全性和可靠性负责。如果人工智能系统存在设计缺陷或安全漏洞导致他人权益受损，开发者应该承担相应的法律责任。另一方面，使用者也应该对其使用人工智能系统的行为负责。如果使用者滥用人工智能系统或违反相关规定导致侵害他人权益发生，使用者也应该承担相应的法律责任。

五是推动国际合作与交流。在人工智能领域，世界各国面临着相似的法律挑战和问题。因此，推动国际合作与交流是解决人工智能法律问题的重要途径。可以通过参与国际组织和多边合作机制，共同研究和制定国际规则和标准，以促进人工智能技术的合法、公正和可控发展。

总之，从法律角度看待人工智能是一个全面而深入的过程。我们需要明确人工智能的法律地位、制定和完善相关的法律法规、加强监管和治理、关注法律责任问题、推动国际合作与交流。通过这些措施的实施和落实，我们可以确保人工智能技术的发展与应用符合法律原则和社会公共利益，为人类的未来创造更加安全、稳定的社会环境。

第 3 部分

人工智能和劳动者

Question 31

未来企业将如何处理员工和智能机器人之间的关系?

未来企业如何处理员工和智能机器人之间的关系是一个复杂而关键的问题。随着技术的不断发展和应用，智能机器人将在企业中扮演越来越重要的角色，从生产线上的自动化设备到办公室的智能助理，将与员工密切合作，共同推动企业的发展。然而，这种密切的合作关系也带来了一系列挑战，包括工作分配、技能需求、沟通协作以及伦理道德等方面的问题。

一是工作分配。在未来企业中，智能机器人将承担越来越多的工作任务，但它们并不适合所有类型的工作。企业需要仔细评估每项任务的性质和要求，以确定哪些任务适合由智能机器人完成，哪些任务更适合由员工完成。一般来说，智能机器人擅长处理重复性、高度结构化的任务，而员工则更适合处理创新性、非结构化的任务。通过合理的工作分配，企业可以充分发挥智能机器人和员工各自的优势，提高工作效率和质量。

二是技能需求。随着智能机器人的广泛应用，企业对于员工的技能需求也将发生变化。一方面，企业需要员工具备与智能机器人协作的能力，包括了解智能机器人的工作原理、操作和维护方法等；另一方面，企业也需要员工具备创新能力和跨学科知识，以应对不断变化的市场需求和技术趋势。因此，企业需要加强员工的培训和教育，提高他们的技能水平和综合素质。

三是沟通协作。智能机器人和员工之间的沟通协作是未来企业面临的一个重要挑战。由于智能机器人和人类的思维方式与沟通方式存在差异，双方之间容易出现误解和冲突。为了促进机器人和员工之间的有效沟通，企业需要建立一套完善的沟通机制和协作流程。例如，企业可以设立专门的协调员或项目经理，负责协调智能机器人和员工之间的合作，确保双方能够顺畅地交流和协作。此外，企业还可以利用先进的自然语言处理技术，使智能机器人能够更好地理解和响应人类的语言和情感。

四是伦理道德。随着智能机器人在企业中的应用越来越广泛，伦理道德问题也日益凸显。例如，当智能机器人取代员工完成某些工作时，可能会导致员工失业或降薪；当智能机器人做出错误决策或造成事故时，责任应该由谁承担；当智能机器人涉及隐私和数据安全时，如何保护用户的权益，等等。这些问题不仅涉及企业的经济利益和社会责任，也关系到员工的权益和福祉。因此，企业需要认真考虑这些问题，并制定相应的伦理道德规范和监管机制，确保智能机器人的应用符合社会公正和可持续发展的要求。

总之，未来企业处理员工和智能机器人之间的关系需要综合考虑多个方面的因素和挑战。通过合理的工作分配、技能需求调整、沟通协作机制以及伦理道德规范的制定和实施，企业可以建立起一种和谐共赢的合作关系，实现智能机器人和员工共同发展的目标。这将有助于推动企业的创新和发展，提高市场竞争力和社会影响力。

Question 32

哪些工作是人工智能无法替代的?

在探讨人工智能无法替代的工作时，首先要明确一点：人工智能技术的快速发展确实正在改变劳动力市场的格局，许多传统工作正在被自动化。然而，尽管人工智能在许多领域取得了显著进步，但仍有一些工作因其复杂性、创造性和情感因素而难以被人工智能完全替代。以下是一些人工智能难以替代的工作类型。

◆创新性和创造性工作

一是艺术创作类的工作，艺术家、设计师、音乐家等从事的创作工作高度依赖于个体的想象力和创造力，这是人工智能难以模仿的。虽然人工智能可以生成艺术作品，但通常缺乏理解和表达人类情感的能力，因此难以创作出真正触动人心的作品。二是写作和编辑类的工作，优秀的写作和编辑工作不仅是文字的组合，更重要的是表达思想、传递信息和引发共鸣。尽管人工智能可以辅助写作和编辑过程，但难以像小说家、散文家那样创作出富有深度和独特见解的作品。

◆涉及人类情感和人际交往的工作

一是心理咨询和支持的工作。心理咨询师、社工、心理医生等职业涉及对人类情感和心理状态的深入理解，需要高度的共情能力和人际交往技巧。人工智能在这方面难以取代人类，因为它无法真正理解和感受人类的情感。二是销售和市场营销的工作。销售和市场营销人员需要具备良好的沟通技巧、人际交往能力和市场洞察力。他们需要正确理解客户的需求，与客户建立信任关系，并根据市场动态制定营销策略。虽然人工智能可以提供数据分析和客户行为预测等方面的支持，但难以完全替代销售和市场营销人员的角色。

◆高度专业知识和丰富经验的工作

一是医学诊断和治疗类工作。医生需要具备深厚的医学知识和丰富的临床经验，以便对患者的病情进行准确诊断和个性化治疗。尽管人工智能在医学领域的应用正在增加，如辅助诊断和药物研发等，但仍难以完全取代医生的专业判断和人文关怀。二是法律咨询和司法审判类工作。律师和法官需要具备深厚的法律知识和丰富的实践经验，以便为客户提供法律建议和解决争议。他们需要理解复杂的法律条文和案例，并根据具体情况做出判断。尽管人工智能可以提供法律检索和案例分析等，但与人的沟通能力有限，无法通过数据和算法模拟、预测所有复杂的法律案件背景，难以完全替代律师和法官的角色。

◆灵活应变和决策能力的工作

一是管理和领导类工作。管理者和领导者需要具备灵活应变、决策能力和团队协作精神，以便在复杂多变的市场环境中带领企业取得成功。尽管人工智能可以提供数据分析和预测等支持，但管理和领导仍然高度依赖于人类的经验和直觉。二是应急响应和危机管理类工作。在紧急情况和危急时刻，如自然灾害、公共安全事件等，需要人类迅速做出决策并采取行动。这些情况下，人工智能可能无法及时提供准确的信息和建议，因此需要人类的专业知识和判断力来应对。

总之，尽管人工智能技术在许多领域取得了显著进步，但仍有一些工作因其复杂性、创造性和情感因素而难以被人工智能完全替代。在未来发展中，应关注这些领域的变革与挑战，并思考如何让人与机器更好地协同工作，共同推动社会的进步与发展。

Question 33

哪些职业可能被人工智能替代?

人工智能的发展和应用正在对各行各业产生深远的影响，一些职业面临着被人工智能技术替代的风险。

一是数据录入和处理类工作。人工智能和自动化技术可以高效、准确地处理大量数据，因此数据录入员、一些简单的数据处理和分析工作可能会被自动化。例如，许多公司已经使用自动化软件来处理发票、订单和其他文档，大大减少了人工干预的需求。未来，随着人工智能技术的进一步发展，更多的数据处理工作可能实现自动化。

二是客服和呼叫中心工作。人工智能聊天机器人和虚拟助手能够处理许多常见的客户问题和请求，可能减少对传统客服人员的需求。这些机器人可以通过自然语言处理技术理解客户的问题，并提供相应的解决方案。未来，随着人工智能技术的不断进步，客服和呼叫中心的工作可能进一步实现自动化。

三是部分交通运输工作。随着自动驾驶技术的发展，一些驾驶工作，如货车司机、出租车司机等，可能受到影响。自动驾驶技术可以减少人力成本、提高运输效率，并在一定程度上降低交通事故的风险。未来，随着自动驾驶技术的进一步成熟和法规的完善，交通运输行业可能面临重大变革。

四是零售业的销售和收银员。无人超市、自动结账和智能推荐系统可能减少对传统销售和收银员的需求。这些技术可以通过自动识别商品、自动结账和个性化推荐等方式提高购物体验。未来，随着零售业的数字化和智能化发展，更多的销售和收银员可能面临失业的风险。

五是简单的翻译和转录工作。人工智能翻译和语音识别技术可能会减少对某些翻译和转录人员的需求。这些技术可以实现实时的语音翻译和文字转录，大大提高工作效率和质量。未来，更多的翻译和转录工作可能实现自动化。

六是银行业和金融业的低级职位。自动化的贷款审批、智能投资顾问等可能改变银行业和金融业的某些低级职位。这些技术可以通过大数据分析、风险评估和个性化投资建议等方式提供更高效、准确的服务。未来，随着金融科技的快速发展和监管政策的调整，银行业和金融业的职位结构可能发生重大变化。

需要注意的是，虽然人工智能技术在某些领域有取代人类的趋势，但是它并不能完全取代人类。人类的智慧、创造力和情感是不可替代的，人类的智慧和创造力是不可或缺的。因此，未来的职业发展需要更多地关注人类的优势和独特性，发掘人类的潜力和创造力。

Question 34

人工智能时代有哪些新兴的职业？

在人工智能时代，新兴职业不断涌现，涵盖了各个领域和层面。这些新兴职业既体现了技术的进步，也反映了社会经济的发展和变化。

一是人工智能工程师，负责设计、开发、测试和维护人工智能系统。他们需要具备计算机科学、数学、统计学等相关知识，以及熟练掌握各种人工智能算法和工具。

二是机器学习工程师，专注于研究和开发机器学习算法，帮助计算机从数据中学习并做出预测或决策。他们需要具备统计学、计算机视觉、自然语言处理等相关知识。

三是深度学习工程师，专门研究深度学习算法，并应用于图像识别、语音识别、自然语言处理等领域。他们需要具备神经网络、深度学习框架等相关知识。

四是数据科学家，负责收集、整理、分析和解释大量数据，从中发现有用的信息和模式。他们需要具备统计学、计算机科学、数据可视化等相关知识。

五是自然语言处理专家，研究如何让计算机理解和生成人类语言，包括语音识别、文本分析、机器翻译等。他们需要具备语言学、计算机科学等相关知识。

六是智能交互设计师，负责设计和开发智能交互系统，如智能语音助手、智能客服等。他们需要具备人机交互、心理学、设计等相关知识。

七是机器人工程师，研究和开发机器人技术，包括机器人硬件设计、软件开发和控制系统等。他们需要具备机械工程、电子工程、计算机科学等相关知识。

八是自动驾驶工程师，负责开发和测试自动驾驶技术，包括传感器融合、路径规划、控制算法等。他们需要具备计算机科学、机械工程、控制工程等相关知识。

九是智能医疗专家，将人工智能技术应用于医疗领域，如远程医疗、智能诊断等。他们需要具备医学、生物医学工程等相关知识。

十是智能家居设计师，负责设计和开发智能家居系统，实现家庭设备的自动化和智能化。他们需要具备电子工程、计算机科学、设计等相关知识。

这些新兴职业反映了人工智能技术在各个领域的广泛应用和快速发展。随着技术的不断进步和创新，未来还将涌现出更多新的人工智能相关职业。

Question 35

人工智能时代，人类需要具备什么能力?

在人工智能迅速发展的时代，我们面临着一个充满变革与机遇的世界。随着机器学习和深度学习技术的不断进步，人工智能正在逐渐渗透到我们生活的各个方面，从工业生产到医疗保健，从金融服务到交通运输。在这个时代，人类需要具备一系列新的能力来适应和引领这个变革。

一是学习能力与创新思维。在人工智能时代，学习能力是每个人都必须具备的核心能力。随着技术的快速迭代，人们需要不断学习新的知识和技能，以适应不断变化的工作环境和市场需求。此外，创新思维也变得越来越重要。人工智能虽然能够模仿和优化现有流程，但创新往往需要人类的想象力和创造力。通过培养创新思维，人们能够发现新的机会和解决方案，从而在不断变化的世界中保持竞争力。

二是批判性思维与问题解决能力。在人工智能时代，批判性思维是区分人与机器的重要能力之一。面对海量的信息和数据，人们需要具备批判性思维，能够分析、评估和解释信息，从而做出明智的决策。此外，问题解决能力也变得越来越重要。随着人工智能技术的普及，人们将面临越来越复杂的问题。通过培养问题解决能力，人们能够有效地分析问题、制定解决方案并付诸实践。

三是跨学科知识与合作能力。在人工智能时代，跨学科知识变得越来越重要。人工智能技术涉及多个领域的知识，包括计算机科学、数学、统计学、心理学等。具备跨学科知识的人们能够更好地理解和应用人工智能技术，从而在工作和生活中取得优势。此外，合作能力也变得越来越重要。在人工智能时代，团队合作和跨部门协作将成为常态。通过培养合作能力，人们能够有效地与他人沟通、协作和分享知识，从而实现共同的目标。

四是情感智慧与人际交往能力。虽然人工智能技术在某些方面已经取得了显著进步，但在理解和表达情感方面仍存在局限性。因此，在人工智能时代，情感智慧将成为人类的重要优势之一。情感智慧是指理解、管理和表达自己和他人情感的能力。具备情感智慧的人们能够更好地与他人建立联系、理解他人的需求和感受，并在人际交往中表现出高情商。此外，人际交往能力也变得越来越重要。在人工智能时代，面对面的交流和互动仍然是无法替代的。通过培养人际交往能力，人们能够建立和维护良好的人际关系，从而在个人和职业发展中取得成功。

五是适应性与韧性。在人工智能时代，适应性和韧性是应对变革和压力的关键能力。随着技术的不断发展和市场需求的不断变化，人们需要具备适应性和韧性，能够在不确定性中保持冷静，灵活调整自己的策略和行为，保持积极的心态和健康的心理状态。通过培养适应性和韧性，人们能够在不断变化的世界中保持竞争力并实现个人成长。

六是道德和伦理素养。随着人工智能技术的广泛应用，道德和伦理问题也日益凸显。在人工智能时代，人们需要具备道德和伦理素养，在使用人工智能技术时遵守道德规范和法律法规，包括尊重隐私、避免歧视、确保公平等原则。通过培养道德和伦理素养，人们能够在使用人工智能技术时保持负责任的态度并维护公共利益。

总之，在人工智能时代，人类需要具备学习能力、创新思维、批判性思维、问题解决能力、跨学科知识、合作能力、情感智慧、人际交往能力、适应性与韧性以及道德和伦理素养等多方面的能力。这些能力将帮助我们在人工智能时代更好地适应变革、把握机遇并实现个人和社会的可持续发展。

Question 36

人工智能高度发达后，该如何保护个人的隐私？

随着人工智能技术的不断发展和普及，其在各个领域的应用也越来越广泛。然而，人工智能技术的发展也给个人隐私带来了前所未有的挑战。在人工智能高度发达的未来，如何保护个人隐私将成为一个迫切需要解决的问题。

一是完善相关法律法规。在人工智能高度发达的未来，政府应制定更加完善的法律法规，以明确人工智能技术的使用范围、限制和责任。同时，应加强对企业的监管，确保企业在使用人工智能技术时遵守相关法律法规，对违法违规行为进行严厉惩罚。此外，政府还应鼓励与支持个人和组织提起公益诉讼，保护公众的个人隐私权。

二是建立系统的隐私保护技术。首先，采用先进的加密技术对个人信息进行保护，防止信息在传输和存储过程中被非法获取和使用。其次，通过匿名化技术对个人信息进行脱敏处理，使得个人信息在不泄露个人隐私的前提下得以利用。再次，建立严格的访问控制机制，对人工智能系统的访问和使用进行限制和管理，防止未经授权进行访问和使用。最后，在收集和处理个人信息时，应遵循数据最小化原则，只收集与处理目的相关的最少信息，并在使用后的一段合理时间内销毁这些信息。

三是提高个人隐私保护意识。政府、学校和社会组织应加强个人隐私保护意识的教育和宣传，提高公众对个人隐私保护的重视度和认识水平。同时，应培养公众正确的信息处理和传播习惯，避免随意泄露个人信息和隐私。

四是建立完善的监督和追责机制。为确保个人隐私保护措施的有效实施，应建立完善的监督和追责机制。政府应设立专门的监管机构，负责监督和管理人工智能技术在使用过程中的个人隐私保护情况。对于违反个人隐私保护规定的行为，应依法追究相关责任人的法律责任。同时，应鼓励和支持公众对侵犯个人隐私的行为进行举报和投诉，确保个人隐私保护工作得到全社会的共同参与和监督。

总之，在人工智能高度发达的未来，保护个人隐私需要政府、企业、社会组织和个人等多方面的共同努力和合作。通过加强法律法规的制定和执行、强化技术保护、提高个人隐私保护意识、提高人工智能技术的透明度和可解释性以及加强多方合作和共同治理等措施，可以有效地保护个人隐私不被滥用和侵犯。

Question 37

人工智能机器人高度发达后，人类将面临怎样的角色转变？

在人工智能机器人高度发达的未来，人类将面临深远的角色转变，这不仅涉及我们与技术的关系，更触及自身的定位、价值和社会结构。

一是从劳动者到创新者。随着人工智能机器人的广泛应用，许多重复性、高强度的劳动任务将被自动化。这意味着大量传统工作岗位将受到影响，人类劳动者可能面临失业风险。但同时，这也为人类创造了转型的机会。我们将从烦琐的劳动中解脱出来，有更多时间和精力投入创新、创造和高级思维活动中。人类可以专注于解决更复杂、更具创造性的问题，发挥自身的想象力和创新思维，开拓新的领域和市场。

二是从决策者到合作者。在人工智能机器人时代，决策过程也将发生变革。智能机器人将能够处理大量数据，并通过算法做出快速、准确的决策，甚至在某些方面超越人类的决策能力。这将使人类从决策者的角色转变为与智能机器人合作的角色。我们可以利用人工智能机器人的数据处理和分析能力，结合人类的直觉和创造力，共同做出更全面、更深入的决策。人类和人工智能机器人将形成一个互补的合作关系，共同推动社会的发展和进步。

三是从技能者到学习者。随着人工智能机器人的发展，许多传统技能和知识将过时。人工智能机器人将能够自主学习和更新知识，不断适应新的环境和任务。因此，人类需要从一个技能者的角色转变为一个学习者的角色。我们需要不断学习新的知识和技能，培养自己的学习能力和适应能力，以应对不断变化的工作环境和社会需求。同时，也需要培养批判性思维和创新思维，以在人工智能机器人无法替代的领域中发挥独特作用。

四是从独立个体到协作团队成员。在人工智能机器人时代，人类将更多地以协作团队成员的身份出现。智能机器人将成为我们工作和生活的重要伙伴，我们需要与人工智能机器人建立良好的合作关系，共同完成任务和解决问题。这将要求我们具备团队协作、沟通和领导能力，以便有效地与人工智能机器人和其他团队成员合作。同时，也需要关注团队动态和成员间的情感联系，营造积极的团队氛围和工作环境。

五是从地球居民到宇宙探索者。随着人工智能机器人的发展，人类将有更多的机会和资源用于探索宇宙。人工智能机器人可以帮助我们处理复杂的航天任务和数据分析，而人类则可以专注于研究宇宙奥秘和寻找外星生命。我们将从地球居民的角色转变为宇宙探索者的角色，拓宽新的疆域和视野。这将要求人们具备跨学科知识、创新思维和冒险精神，以便在未知的宇宙中探索和发现新的奇迹。

总之，在人工智能机器人高度发达的未来，人类将面临深远的角色转变。我们需要从劳动者转变为创新者，从决策者转变为合作者，从技能者转变为学习者，从独立个体转变为协作团队成员，从地球居民转变为宇宙探索者。这些转变将要求我们不断学习、适应和创新，以应对新的挑战和机遇。

第4部分

人工智能和工会

Question 38

如何有效解决人工智能带来的劳动关系矛盾?

随着人工智能技术的广泛应用，越来越多的企业开始采用自动化和智能化技术来提高生产效率和降低成本。然而，这种技术变革也带来了一些劳动关系矛盾，如机器人替代人力、智能化导致的职业转型和失业等问题。这些矛盾不仅影响企业的稳定和发展，也关系到职工的权益和福祉。因此，如何有效地解决人工智能带来的劳动关系矛盾成为一个备受关注的问题。

一是加强政策引导和监管。政府应该加强对人工智能技术的政策引导和监管，确保技术的合理应用和发展。首先，政府可以制定相关法规和标准，规范人工智能技术的使用和管理。例如，制定机器人使用指南、智能化改造标准等，确保企业在应用人工智能技术时遵守相关法规和标准，保障职工的权益和安全。其次，政府可以加强对企业的监管和执法力度，确保企业依法依规使用人工智能技术。对于违反相关法规和标准的企业，政府可以采取相应的惩罚措施，如罚款、停业整顿等，以维护市场的公平竞争和职工的权益。

二是促进企业和职工的共赢。企业应该积极采取措施，促进企业和职工的共赢。首先，企业可以加强职工的培训和教育，提高职工的技能水平和综合素质，使职工能够适应智能化改造后的工作环境和任务要求。同时，企业还可以采用灵活多样的用工方式，如劳务派遣、临时用工等，以满足不同生产任务的需求，保障职工的就业和收入。其次，企业应该加强内部管理和沟通协调，建立良好的劳动关系。建立健全职工代表大会为基本形式的企业民主管理制度，维护职工合法权益，构建和谐的劳动关系。同时，企业还应该加强与职工的沟通和协商，及时了解职工的需求和意见，积极解决职工反映的问题和困难。

三是推动社会支持和参与。应该加强社会各种力量对人工智能技术的支持和参与，共同推动技术的合理应用和发展。首先，加大对人工智能技术的宣传和推广，提高公众对技术的认知和理解。同时，还可以加强对人工智能技术的研究和开发，推动技术的不断创新和进步。其次，可以加强对人工智能技术应用的监督和评估，确保技术的合理应用和发展。例如，建立人工智能技术应用评估机制，对技术的应用效果、社会影响等进行全面评估和监督。同时，还可以加强对人工智能技术应用的参与和合作，共同推动技术的合理应用和发展。

总之，解决人工智能带来的劳动关系矛盾需要政府、企业和社会的共同努力。政府应该加强政策引导和监管，规范技术的使用和管理；企业应该加强职工的培训和教育、内部管理和沟通协调；社会应该加强对技术的支持和参与、监督和评估。只有这样，才能有效应对人工智能技术带来的挑战和机遇，实现企业和职工的共赢和社会的可持续发展。

Question 39

在推进工会数字化转型时，如何培训工会干部掌握人工智能技术？

在推进工会数字化转型的过程中，培训工会干部掌握人工智能技术显得尤为重要。人工智能作为当前科技领域的热点，其在工会工作中的应用将放大工会既有能力范围，更好地服务广大职工群众，使工会服务更加精准、及时、高效。

◆在培训内容方面

一是培训内容应涵盖人工智能的基础知识，如机器学习、深度学习、自然语言处理等。这是理解人工智能技术原理和应用的基础。二是除了基础知识，培训内容还应包括人工智能技术的实际应用技能，如数据分析、智能推荐、智能客服等，可以帮助工会干部在实际工作中应用人工智能技术，提高工作效率和服务质量。三是随着人工智能技术的广泛应用，相关的伦理和法律问题也日益凸显。因此，培训内容还应包括人工智能的伦理和法律知识，以帮助工会干部在工作中遵守相关规定，保障职工群众的合法权益。

◆在培训形式方面

一是利用线上学习平台，为工会干部提供灵活的学习时间和地点。可以录制一系列内容丰富、重点突出的关于人工智能的在线课程，让工会干部自主学习。二是针对一些复杂的人工智能技术，可以组织面授课程，邀请专业人士进行授课，提供更深入的学习和交流机会。三是通过提供实际案例和应用场景，让工会干部亲自动手实践人工智能技术，更好地理解和应用所学知识。四是组织工会干部参观人工智能企业或研究机构，与专业人士进行交流，了解最新的技术发展和应用趋势，开阔视野，激发学习兴趣。

◆在培训支持方面

一是为工会干部提供丰富的人工智能学习资源，如书籍、教程、案例等，帮助他们在学习过程中随时查阅和参考。二是建立技术支持团队或平台，为工会干部在学习和实践过程中遇到的技术问题提供及时的帮助和指导。三是搭建学习交流平台，如 QQ 群、微信群、人工智能与工会应用学习平台等，让工会干部在学习过程中可以相互交流和分享经验，促进知识的共享和共同进步。

◆在激励措施方面

一是设立奖学金。为表现优秀的工会干部设立奖学金，以鼓励他们在人工智能领域取得更好的成绩。二是提供晋升机会。将人工智能技术的掌握作为晋升的重要条件之一，为积极学习和应用人工智能技术的工会干部提供晋升机会。三是举办竞赛活动。定期举办与人工智能相关的竞赛活动，激发工会干部的学习兴趣和积极性。竞赛活动不仅可以检验学习效果，还可以促进彼此之间的交流和学习。

通过以上四个方面的综合培训措施，可以有效地帮助工会干部掌握人工智能技术，推动工会的数字化转型。同时，这些措施也有助于提升工会干部的整体素质，提升工会服务亿万职工群众的能力和水平，提升工会工作的效率和质量。

Question 40

人工智能如何帮助工会加强对新就业形态劳动者的服务和保障?

随着平台经济、共享经济的发展，新就业形态劳动者的数量不断增长，成为劳动力市场的重要组成部分，具有组织方式平台化、工作机会互联网化、工作时间碎片化、就业契约去劳动关系化及流动性强、组织程度偏低等特点，需要切实加强对新就业形态劳动者的权益保障。而人工智能技术的引入，在工会加强对新就业形态劳动者的服务和保障方面，具有巨大的潜力和应用价值。

一是智能化的信息收集和分析。随着新就业形态的发展，劳动者的需求和问题也呈现出多样化和复杂化的特点。传统的信息收集和分析方法往往难以应对这一挑战。而人工智能技术可以通过自然语言处理、机器学习等技术，对大量的新就业形态劳动者信息进行智能化的收集和分析。

具体而言，人工智能可以帮助工会自动识别和提取新就业形态劳动者信息中的关键要素，如家庭环境、教育背景等；对新就业形态劳动者信息进行分类和聚类，发现不同群体之间的差异和共性；分析新就业形态劳动者信息的变化趋势，预测未来的就业需求和倾向。通过智能化的信息收集和分析，工会可以更全面地了解劳动者的困难和需求，为制定更精准的政策和措施提供数据支持。

二是个性化的服务提供。基于人工智能的分析结果，工会可以为新就业形态劳动者提供个性化的服务。这不仅可以提高服务的针对性和有效性，还可以增强新就业形态劳动者的满意度和归属感。

具体而言，人工智能可以帮助工会根据新就业形态劳动者的技能、经验和兴趣，提供符合其需求的职业培训、就业推荐等服务；根据新就业形态劳动者的时间安排和需求偏好，提供灵活的工作时间和工作地点安排；通过智能化的沟通平台，为新就业形态劳动者提供便捷的问题咨询和投诉渠道。通过个性化的服务提供，工会可以更好地满足新就业形态劳动者的需求，提高其工作积极性和满意度。

三是智能化的权益维护。新就业形态劳动者往往面临着权益保障的挑战。人工智能可以帮助工会更有效地维护新就业形态劳动者的权益，具体包括：通过智能化的监测系统，及时发现和预警潜在的劳动纠纷和风险；协助工会处理新就业形态劳动者的投诉和咨询，提高处理效率和准确性；通过自然语言处理等技术，对新就业形态劳动者的投诉和咨询进行自动分类和归纳，为工会制定针对性的解决方案提供支持。通过智能化的权益维护，工会可以及时发现和解决劳动者的权益问题，维护劳动关系的和谐稳定。

四是智能合作与资源共享。一方面，人工智能可以帮助工会与其他平台或机构建立合作关系，实现资源共享和互利共赢。例如，通过与在线教育平台合作，为新就业形态劳动者提供更丰富的学习资源。另一方面，利用人工智能技术，工会可以实现对资源的智能调配和管理，确保资源的高效利用和合理分配，有助于为新就业形态劳动者提供更全面、更优质的服务和保障。

综上所述，人工智能在帮助工会加强对新就业形态劳动者的服务和保障方面具有广泛的应用前景。通过智能化的信息收集和分析、个性化的服务提供、智能化的权益维护以及智能合作与资源共享等方面的应用，人工智能可以帮助工会更好地满足新就业形态劳动者的需求，维护其合法权益，促进劳动关系的和谐稳定。同时，随着人工智能技术的不断发展和完善，其在工会工作中的应用也将更加深入和广泛。

Question 41

人工智能在工会教育和培训中的应用是什么?

人工智能在工会教育和培训中的应用具有广泛而深远的意义。随着科技的进步和工会干部需求的变化，传统的教育和培训方式已经难以满足日益多样化的学习需求。而人工智能技术的引入，为工会教育和培训带来了全新的可能性和机遇。

一是智能化的学习资源推荐。人工智能技术可以通过对大量学习资源进行分析和挖掘，为工会干部提供个性化的学习资源推荐。具体而言，人工智能可以根据工会干部的学习历史、兴趣爱好、技能需求等信息，为其推荐相关的学习资料、在线课程、实践项目等。这种智能化的学习资源推荐不仅可以提高学习的针对性和效率，还可以激发工会干部的学习兴趣和动力。

二是智能化的学习辅导。人工智能技术可以为工会干部提供智能化的学习辅导。通过自然语言处理、机器学习等技术，人工智能可以自动识别和解答工会干部在学习过程中遇到的问题和困惑。同时，人工智能还可以根据工会干部的学习进度和反馈，为其提供个性化的学习建议和指导，帮助工会干部更好地掌握知识和技能。

三是智能化的学习效果评估。人工智能技术可以帮助工会更加科学、准确地评估工会干部的学习效果。通过自动化的测试和评估系统，人工智能可以对工会干部的学习成果进行实时跟踪和反馈。同时，人工智能还可以对学习数据进行深度分析和挖掘，发现工会干部的学习特点和规律，为工会制定更加合理、有效的教育和培训策略提供依据。

四是智能化的教学辅助。人工智能技术可以为讲师提供智能化的教学辅助。通过自动化的课件制作、智能化的课堂管理、实时的工会干部学习反馈等功能，人工智能可以帮助讲师更加高效地进行课堂教学和管理。同时，人工智能还可以对讲师的教学行为和数据进行分析和挖掘，发现教学中的问题和不足，为讲师提供改进和优化教学的建议和支持。

五是智能化的培训项目设计。人工智能技术可以帮助工会设计更加科学、合理的培训项目。通过对工会干部需求、行业趋势、培训内容等信息的分析和挖掘，人工智能可以为工会提供基于数据的培训项目设计建议和支持。同时，人工智能还可以对培训项目的实施效果进行评估和反馈，帮助工会不断优化和完善培训项目。

六是智能化的在线教育平台。人工智能技术可以为工会打造智能化的在线教育平台。通过自动化的课程管理、智能化的学习推荐、实时的互动交流等功能，人工智能可以为工会干部提供更加便捷、高效的在线学习体验。同时，人工智能还可以对在线教育平台的数据进行分析和挖掘，发现工会干部的需求和困难，为工会提供更加精准、个性化的在线教育服务。

综上所述，人工智能在工会教育和培训中的应用具有广泛而深远的意义。通过智能化的学习资源推荐、学习辅导、学习效果评估、教学辅助、培训项目设计以及在线教育平台等方面的应用，人工智能可以帮助工会更好地满足工会干部的学习需求，提高其知识和技能水平，为工会干部的职业发展和个人成长提供有力支持。

Question 42

人工智能如何帮助工会促进职工创新创造能力的提升?

在当前快速发展和日益激烈的竞争环境中，创新创造成为推动社会进步和经济发展的重要动力。通过利用人工智能技术，工会可以更加有效地激发职工的创造力和创新精神，促进企业的可持续发展和职工的个人成长。

一是智能教育培训与技能提升。人工智能技术可以为工会提供智能教育培训解决方案，帮助职工提升创新创造能力。通过人工智能对职工的学习能力、兴趣和需求进行深入分析，可以为每个职工定制个性化的学习计划，推荐合适的学习资源，从而提高学习效果和效率。同时，人工智能还可以实时监测职工的学习进度，提供及时反馈，帮助职工在学习过程中不断调整和优化。此外，人工智能还可以协助工会开展在线培训、模拟演练等多样化的教育培训活动，为职工提供更加灵活、便捷的学习方式。

二是智能创新平台与协作工具。人工智能可以协助工会搭建智能创新平台，为职工提供一个自由交流、合作创新的空间。在这个平台上，职工可以发布自己的创新想法和项目，寻找合作伙伴和资源支持。人工智能可以通过智能匹配和推荐算法，帮助职工找到志同道合的合作伙伴和有价值的资源，促进创新项目的孵化和实施。同时，人工智能还可以提供智能协作工具，如项目管理、在线协作等，帮助团队成员更加高效地协作和创新。这些工具可以实时跟踪项目进度，提供有价值的见解和建议，促进团队的创新创造能力提升。

三是智能分析与预测。人工智能技术可以通过对大量数据的分析和挖掘，发现职工的创新创造潜力和趋势。工会可以利用人工智能对职工的工作表现、学习成果、创新项目等进行全面分析，从而更准确地了解职工的创新创造能力和发展方向。基于这些数据，工会可以为职工提供更加个性化的发展建议和支持，促使职工的创新创造能力提升。同时，人工智能还可以预测未来市场趋势和技术发展方向，为工会和职工提供有价值的参考信息，引导职工关注前沿技术和市场动态，激发创新思维和创造力。

四是智能知识产权保护与管理。人工智能可以帮助工会加强知识产权保护工作，使职工的创新创造成果得到保障。通过利用人工智能技术对创新成果进行智能识别和分类，可以快速发现和处理侵权行为，维护职工的合法权益。同时，人工智能还可以为工会提供知识产权管理的智能化解决方案，如专利申请、版权登记等流程的自动化处理，提高知识产权的管理效率和质量。此外，人工智能还可以协助工会开展知识产权培训和宣传活动，提高职工的知识产权意识和保护能力。

五是智能激励与评估机制。人工智能可以协助工会建立智能激励与评估机制，激发职工的创新创造动力。通过利用人工智能技术对职工的创新成果进行客观、公正的评估，可以为工会提供有价值的参考信息，帮助工会更加准确地了解职工的创新创造能力和贡献。同时，人工智能还可以根据职工的创新创造能力和表现，为职工提供个性化的激励措施和发展建议，如晋升机会、奖金奖励等，激发职工的创新创造动力。此外，人工智能还可以协助工会举行劳动和技能竞赛、“五小”等活动，为职工提供更多的创新实践机会和展示平台。

总之，人工智能在助力工会提升职工创新创造能力方面具有广泛的应用前景。通过智能教育培训与技能提升、智能创新平台与协作工具、智能分析与预测、智能知识产权保护与管理以及智能激励与评估机制等措施的实施和应用，可以充分发挥人工智能的优势和作用，助力工会更好地促进职工的创新创造能力提升和企业的可持续发展。

Question 43

如何运用人工智能进行工会的财务管理和预算优化?

工会经费是工会各项工作顺利开展的重要基础，更是有效维护职工权益的重要支撑。通过优化财务管理和预算，可以确保工会经费的合理使用，从而保障工会职能的有效发挥。随着人工智能技术的快速发展，其在财务管理和预算优化方面的应用逐渐受到关注。

◆人工智能在工会财务管理中的应用

一是财务数据处理自动化。传统的工会财务管理涉及大量的数据录入和处理工作，耗费大量人力和时间。利用人工智能技术，可以实现财务数据处理的自动化。通过智能识别技术，自动识别并提取财务数据中的关键信息，减少人工干预，提高财务数据处理的效率和准确性。二是财务风险预警。人工智能技术可以通过对历史财务数据的分析，建立风险预警模型。这些模型可以实时监测工会的财务状况，发现潜在的财务风险，并及时发出预警。这有助于工会及时采取措施，降低风险，保障资金安全。三是财务决策支持。通过对大量财务数据的深度学习和分析，人工智能可以为工会提供有价值的财务决策支持。例如，通过对历史财务数据的挖掘和分析，预测未来的收入、支出和现金流等趋势，为工会制定合理的财务计划和策略提供依据。

◆人工智能在工会预算优化中的应用

一是预算编制辅助。人工智能技术可以协助工会进行预算编制工作。通过对历史预算数据的分析和学习，人工智能可以为工会提供预算编制的建议和参考，帮助工会更加科学、合理地分配资源。同时，人工智能还可以实时监测市场环境和政策变化，为工会提供预算调整的依据。二是预算执行监控。人工智能可以实时监测工会的预算执行情况。通过与预算计划的对比和分析，人工智能可以及时发现预算执行过程中的偏差和问题，并提供相应的解决方案。这有助于工会及时调整预算策略，确保预算的有效执行。三是预算绩效评估。人工智能技术可以对工会的预算绩效进行评估。通过对预算执行结果的分析和比较，人工智能可以为工会提供预算绩效的量化指标和评估报告。这些数据和报告可以帮助工会了解预算执行的效果和效率，为未来的预算编制提供改进方向和建议。

◆实施策略与注意事项

一是根据工会的实际需求和情况，选择合适的人工智能技术和工具进行财务管理和预算优化。同时，要确保所选技术和工具的稳定性和可靠性，以满足工会的长期需求。二是在运用人工智能进行财务管理和预算优化的过程中，要建立完善的数据治理机制。这包括数据的收集、存储、处理和使用等方面的规定和标准，以确保数据的质量和安全性。三是财务部门与业务部门之间的紧密合作是实施人工智能在财务管理和预算优化中的关键。通过加强部门间的沟通和协作，可以确保人工智能技术的有效应用和满足业务需求。四是持续改进和优化。随着市场和技术的不断变化，工会需要持续改进和优化人工智能在财务管理和预算优化中的应用。通过定期评估和调整人工智能模型、更新数据和算法等方式，确保人工智能技术的持续有效性和适应性。

总之，运用人工智能进行工会的财务管理和预算优化可以提高管理效率、降低风险并优化资源配置。在实施过程中，需要选择合适的人工智能技术和工具、建立数据治理机制、与业务部门紧密合作并持续改进和优化。通过这些措施的实施和应用，可以充分发挥人工智能的优势和作用，助力工会收好、管好、用好工会经费，为新时代工会工作创新发展提供服务和保障。

Question 44

人工智能如何帮助工会预防和化解劳动关系风险和矛盾?

随着科技的飞速发展，人工智能逐渐渗透到社会的各个领域，为我们的生活和工作带来了前所未有的便利。在劳动关系领域，人工智能的应用也逐渐受到关注，尤其是在工会工作中，人工智能在预防和化解劳动关系风险和矛盾方面发挥着越来越重要的作用。

一是风险预警与监测。人工智能技术可以通过对历史数据的深度学习和分析，建立劳动关系风险预警模型。这些模型可以实时监测企业的劳动关系状况，包括职工满意度、薪资福利、工作时长、劳动争议等方面的数据。当这些数据出现异常波动时，人工智能可以及时发出预警，提醒工会关注潜在的风险和矛盾。通过风险预警，工会可以提前介入，采取相应的措施，防止风险和矛盾的进一步升级。

二是智能分析与决策支持。人工智能可以对大量的劳动关系数据进行分析和挖掘，发现其中的规律和趋势。这些分析结果可以为工会提供有价值的决策支持。例如，通过对职工满意度数据的分析，工会可以了解职工对工作环境、薪资福利等方面的需求和诉求，从而制定合理的政策和措施，提高员工的满意度和忠诚度。同时，人工智能还可以为工会提供相关的法律法规和案例支持，使工会在处理劳动关系问题时更加准确、高效。

三是智能调解与协商。当出现劳动关系风险和矛盾时，人工智能可以提供智能调解方案。通过对双方当事人的诉求和争议焦点进行分析，人工智能可以提出合理的调解建议，帮助双方达成和解。同时，人工智能还可以协助工会进行集体协商。搜集并分析协商事宜的具体情况、通过协商达成共识，强化事中事后监督、为工会提供监督渠道，推动协商成果落地见效。

四是自动化流程管理。人工智能可以帮助工会实现劳动关系管理的自动化和智能化。通过自动化的流程管理，可以减少人为干预和错误，提高管理效率和质量。例如，人工智能可以协助工会进行劳动合同的签订、变更和解除等流程管理。通过自动化的合同管理系统，可以确保合同的准确性和一致性，减少因合同管理不当而引发的劳动关系风险和矛盾。

五是个性化服务与职工关怀。每个职工的劳动关系问题都有其特殊性。人工智能可以通过对职工的个人信息和历史数据进行深度学习和分析，为每个职工提供个性化的服务。例如，针对职工的个人特点和需求，提供定制化的劳动合同、培训计划和福利待遇等。同时，人工智能还可以协助工会进行职工关怀工作。通过对职工的心理健康、工作压力等方面的数据进行监测和分析，人工智能可以为工会提供职工关怀的建议和措施，提高员工的幸福感和归属感。

随着人工智能技术的不断发展，其在劳动关系领域的应用将更加广泛和深入。未来，人工智能将在预防和化解劳动关系风险和矛盾方面发挥更加重要的作用。工会应积极拥抱新技术，加强与科技企业的合作与交流，共同推动人工智能在劳动关系领域的创新与应用。同时，工会还应加强对职工的培训和教育工作，提高职工的科技素养和创新能力以适应新时代的发展需求。

Question 45

工会如何利用人工智能算法帮助职工规划职业路径，提供就业指导，包括职业发展建议和未来就业市场趋势分析?

随着科技的进步，人工智能已经渗透到各个领域，为我们的生活带来了诸多便利。在职业规划和就业指导方面，人工智能的应用也逐渐受到关注。工会作为维护职工权益、促进职工发展的重要组织，如何利用人工智能算法帮助职工规划职业路径、提供就业指导，成为一个值得探讨的问题。

◆职业路径规划

一是人工智能算法通过收集职工的个人信息、教育背景、工作经验、技能特长等数据，并进行整理和分析，为每位职工建立个性化的职业档案。二是利用人工智能算法对职工的职业倾向性进行测评，帮助职工了解自己的职业兴趣、价值观和优势，为职业路径规划提供科学依据。三是基于职业倾向性测评结果，人工智能算法可以为职工提供个性化的职业规划建议，包括职业目标设定、职业发展路径规划、培训和进修建议等。

◆就业指导与辅助

一是人工智能算法通过对就业市场数据的实时收集和分析，为工会提供就业市场的动态信息，包括行业发展趋势、岗位需求变化等。二是结合就业市场分析结果和职工的个人情况，人工智能算法可以为职工提供求职策略指导，包括简历优化、面试技巧提升、薪资谈判策略等。三是利用人工智能算法的推荐功能，根据职工的职业倾向性和市场需求，为职工推荐合适的职业机会，提高职工的求职效率和成功率。

◆未来就业市场趋势分析

一是通过对历史数据和当前市场状况的分析，人工智能算法可以预测未来就业市场的行业趋势，为工会和职工提供前瞻性的参考信息。二是随着科技和社会的发展，新兴职业不断涌现。人工智能算法可以及时发现并跟踪这些新兴职业的发展动态，为职工提供新的职业发展机会。三是通过对未来就业市场的技能需求分析，人工智能算法可以为工会和职工提供技能培训和发展建议，帮助职工提升适应未来市场需求的能力。

◆智能互动与持续服务

一是工会可以利用人工智能算法建立智能咨询系统，为职工提供24小时的职业规划和就业指导咨询服务，满足职工的即时需求。二是根据职工的职业规划需求和市场动态变化，人工智能算法可以为职工提供个性化的服务推送，包括培训信息、招聘信息、职业发展建议等。三是通过对职工使用服务的数据反馈进行分析，人工智能算法可以不断优化职业规划和就业指导服务的内容和形式，提高服务质量和效果。

总之，工会利用人工智能算法可以帮助职工更加科学、合理地规划职业路径和提供就业指导服务。通过个性化职业测评与规划、就业指导与辅助、未来就业市场趋势分析以及智能互动与持续服务等方面的应用，工会能够充分发挥其在维护职工权益和促进职业发展方面的作用。展望未来，随着人工智能技术的不断发展和应用创新，工会在职业规划和就业指导方面的服务将更加智能化、个性化和精细化。

Question 46

人工智能如何帮助工会发挥民主管理的重要作用？

随着科技的飞速发展，人工智能逐渐渗透到社会的各个领域，为我们的生活和工作带来了前所未有的便利。在工会工作中，人工智能的应用也逐渐受到关注，尤其是在民主管理方面。

◆促进信息透明与公开

一是人工智能可以通过大数据技术收集并整理工会内部的各种信息，包括职工信息、活动信息、经费使用情况等，确保信息的完整性和准确性。二是利用人工智能技术建立信息公开平台，及时发布工会的工作报告、活动通知、政策解读等重要信息，保障会员的知情权。三是通过人工智能的数据可视化技术，将复杂的数据以直观、易懂的图表形式展现，帮助会员更好地理解和监督工会工作。

◆提升决策的科学性与民主性

一是人工智能可以为工会提供智能决策支持系统，通过对历史数据和当前情况的分析，为工会提供科学合理的决策建议。二是利用人工智能的自然语言处理技术，对职工的意见和建议进行自动分类和整理，及时反馈给工会委员会，促进决策的民主化。三是人工智能可以对工会决策的实施效果进行实时跟踪和评估，为工会提供决策调整的依据，确保决策的科学性和有效性。

◆加强会员参与和监督

一是利用人工智能技术建立会员投票系统，实现线上投票和表决，提高会员参与决策的便捷性和效率。二是通过人工智能建立会员监督平台，鼓励会员对工会工作进行监督和评价，及时发现并纠正工作中存在的问题。三是利用人工智能技术搭建互动交流平台，为会员提供畅所欲言的空间，促进会员之间的交流与合作，增强工会的凝聚力和向心力。

◆优化组织结构和流程

一是人工智能可以对工会的组织结构进行自动分析和优化，提出合理的调整建议，使工会的组织结构更加高效、灵活。二是通过人工智能技术实现工会工作流程的自动化，减少人为干预和错误，提高工作效率和质量。三是人工智能可以对工会各部门和个人的工作绩效进行自动评估和排名，为工会提供科学的奖惩依据，激发会员的工作积极性和创造力。

◆民主管理作用发挥

随着人工智能技术的不断发展和应用场景的不断拓展，工会在民主管理方面的服务将更加智能化、个性化。通过促进信息透明与公开、提升决策的科学性与民主性、加强职工参与和监督以及优化组织结构和流程等方面的应用，人工智能能够助力工会更好地发挥民主管理的重要作用。

展望未来，期待看到更多工会与人工智能技术紧密结合的实践案例，共同推动工会工作的进步与发展。同时，也需要关注数据安全和隐私保护等问题，确保人工智能技术在服务工会的过程中合法、合规、安全地运行。

Question 47

如何使用大数据和人工智能提升工会的社会影响力？

随着信息技术的飞速发展，大数据和人工智能已经成为推动社会进步的重要力量。工会作为代表广大职工利益、维护职工合法权益的群众组织，如何使用大数据和人工智能技术提升自身的社会影响力，是一个值得深入探讨的问题。

◆大数据在工会工作中的应用

一是通过大数据技术，工会可以收集并整合职工信息、劳动关系数据、社会活动参与情况等，形成全面、准确的数据基础。二是利用大数据分析工具，对收集到的数据进行深度分析和挖掘，发现数据背后的关联和规律，为工会决策提供科学依据。三是通过数据可视化技术，将复杂的数据以直观、易懂的图表形式展现，帮助工会更好地向公众传达自身的工作成果和价值。

◆人工智能在工会工作中的应用

一是通过人工智能技术，工会可以为会员提供智能化的服务，提高会员服务的便捷性和个性化水平。二是利用人工智能技术对劳动关系数据进行实时监测和分析，及时发现潜在的劳动纠纷和风险，为工会预防和化解劳动关系矛盾提供有力支持。三是通过人工智能技术对社会活动参与数据进行分析和预测，为工会组织更加符合会员需求的社会活动提供科学依据。

◆大数据与人工智能融合提升工会社会影响力

一是通过大数据和人工智能技术的融合应用，工会可以对职工群众进行更加精准的定位和需求分析，为制定更加符合实际需求的工作计划和活动方案提供有力支持。二是基于大数据和人工智能技术的分析结果，工会可以推出更加个性化的职工服务和社会活动产品，满足不同群体的多样化需求，增强工会组织的凝聚力和吸引力。三是通过大数据和人工智能技术分析挖掘潜在的合作伙伴和资源，为工会拓宽社会合作领域、整合社会资源提供有力支持。

通过大数据和人工智能技术的融合应用，工会可以更加精准地了解职工群众的困难与需求，提供更加个性化的服务和支持拓宽社会合作领域，并整合社会资源创新工作模式与方法，提高工作效率和质量。

Question 48

人工智能如何帮助工会科学决策?

工会科学决策就是在决策科学理论和思维方法的指导下，按照科学的决策程序、运用科学的决策方法和技术，选择和决定未来工会行动方案的活动。而人工智能在工会科学决策中的应用，可以提供更加精准、高效、智能的决策支持，帮助工会更好地应对各种挑战和问题。

一是数据收集与分析。工会需要了解会员的需求、意见和工作环境等多方面信息。人工智能可以通过自然语言处理技术，从大量的文本数据中提取关键信息；通过机器学习算法分析历史数据，揭示潜在的趋势和模式。例如，人工智能可以分析会员的反馈数据，识别出最受关注的问题，或者预测哪些政策调整可能会受到会员的欢迎。

二是预测模型。人工智能的预测能力对于工会决策至关重要。基于历史数据，人工智能可以构建预测模型，模拟不同决策方案的可能结果。例如，在劳资谈判中，人工智能可以预测不同的提案对职工满意度、留任率等关键指标的影响，帮助工会制定更有利的谈判策略。

三是职工参与和沟通。人工智能可以协助工会更有效地与职工沟通和互动。通过智能聊天机器人或虚拟助手，人工智能可以实时回答会员的问题，提供相关信息和指导。此外，人工智能还可以帮助工会进行在线调查和投票，快速收集职工的意见，增强决策的民主性和科学性。

四是资源优化和分配。工会经常需要合理分配人力和财力资源，人工智能可以通过数据分析，帮助工会理解各项活动的成本和效益，优化资源分配。例如，人工智能可以分析过去的活动数据，找出哪些类型的活动对职工参与度提升最大，从而指导未来的活动策划和资源分配。

五是风险评估和应对策略。工会决策往往涉及劳资纠纷、职工权益保障等。人工智能可以帮助工会识别和评估潜在风险，并提供应对策略建议。例如，通过分析社交媒体上的舆论数据，人工智能可以及时发现可能引发争议的问题，提醒工会采取预防措施。

六是伦理和法律考量。在使用人工智能辅助决策时，工会必须注意伦理和法律问题。保护会员隐私、确保算法公正性、防止数据滥用等是必须考虑的因素。工会应与专业的伦理顾问和法律团队合作，确保人工智能技术的使用符合相关法律法规和伦理标准。

七是智能决策系统的建立与维护。为了实现上述功能，工会需要建立一个智能决策系统。这个系统应包括数据收集、处理、分析、预测等模块，并具备用户友好的界面和强大的后台支持。同时，系统的维护和更新也至关重要，以确保数据的准确性和算法的有效性。

综上所述，人工智能在工会科学决策中具有巨大的潜力。通过数据驱动的分析、预测和优化，人工智能可以帮助工会更好地理解职工需求，制定更有效的策略，优化资源分配，降低决策风险，并促进决策的民主性和科学性。然而，随之而来的伦理和法律问题也需要高度重视。只有在充分考虑这些因素的基础上，人工智能才能成为工会科学决策的得力助手。

Question 49

人工智能如何帮助工会高效办公?

人工智能在帮助工会高效办公方面扮演着越来越重要的角色。下面，将从自动化工作流程、智能文件管理、优化会议效率、智能数据分析与报告生成、保障信息安全以及持续学习与自我优化等方面，详细阐述人工智能如何促进工会高效办公。

一是自动化工作流程。工会日常工作中涉及大量的重复性、标准化任务，如会员注册、文件审批等。人工智能技术可以通过自动化流程，减少人工操作，提高工作效率。例如，使用智能表单和机器人流程自动化（RPA），人工智能可以自动完成数据录入、文件传递等任务，释放工作人员的时间和精力，使他们专注于更具创造性的工作。

二是智能文件管理。工会经常需要处理大量的文件和资料，包括会员登记表、政策文件等。人工智能可以通过自然语言处理和光学字符识别（OCR）技术，自动提取、整理和分类文档中的关键信息，实现文件的数字化和智能化管理。这不仅提高了文件检索和调用的效率，也减少了纸质文件的使用，降低了成本。

三是优化会议效率。人工智能技术可以显著提高工会会议的效率和效果。通过智能语音识别和转录技术，人工智能可以实时记录会议内容并生成文字记录，方便参会者回顾和整理。此外，人工智能还可以通过分析会议讨论的数据，提供议题聚焦、时间管理等建议，帮助工会更有效地组织和进行会议。

四是智能数据分析与报告生成。工会需要定期向上级组织汇报工作，接受职工群众监督。AI 可以通过大数据分析技术，自动整合和分析工会的工作数据，生成直观的数据可视化和分析报告。这不仅提高了报告的准确性和效率，也帮助工会更好地理解和评估自身的工作效果。

五是保障信息安全。在数字化办公中，信息安全至关重要。人工智能可以通过智能安全防护技术，如入侵检测、恶意软件分析等，实时监测和防范网络攻击和数据泄露风险。同时，人工智能还可以帮助工会建立完善的数据管理和隐私保护机制，确保会员和职工的信息安全。

六是持续学习与自我优化。人工智能技术具有强大的学习能力和自我优化能力。通过不断学习和更新算法模型，人工智能可以持续提高工作效率和质量。同时，人工智能还可以根据工会的反馈和需求进行个性化定制和优化，更好地满足工会的实际需求。

综上所述，人工智能在促进工会高效办公方面具有广泛的应用前景和巨大的潜力。通过自动化工作流程、智能文件管理、优化会议效率、智能数据分析与报告生成、保障信息安全以及持续学习与自我优化等方面的应用和创新，人工智能可以为工会带来更高效、便捷和安全的办公环境和工作体验。

Question 50

人工智能如何帮助工会精准服务职工群众?

人工智能在工会精准服务职工群众方面的应用，已经成为提升服务质量、满足职工群众个性化需求的重要手段。下面，将从智能需求分析、个性化服务定制、智能推荐系统、情感关怀与支持、智能决策辅助以及服务效果评估与优化等方面，详细阐述人工智能如何帮助工会精准服务职工群众。

一是智能需求分析。人工智能技术可以通过自然语言处理和数据挖掘等技术，对职工群众的需求进行智能分析。工会可以利用人工智能工具收集职工群众的反馈和建议，自动识别和提取关键信息，快速了解职工群众的需求和关注点。同时，人工智能还可以分析职工群众的行为数据和历史记录，搜集他们的潜在需求和爱好，为工会提供更全面、准确的需求洞察。

二是个性化服务定制。基于智能需求分析的结果，人工智能可以帮助工会为每位职工提供个性化的服务。通过机器学习算法和大数据分析技术，人工智能可以根据职工群众的个人特征、职业背景、兴趣爱好等信息，为他们定制专属的服务方案。例如，为不同职业群体的职工提供针对性的培训课程、职业发展建议等。这种个性化的服务方式能够更好地满足职工的需求，提升他们的满意度和关注度。

三是智能推荐系统。人工智能可以构建智能推荐系统，为职工提供个性化的信息和资源推荐。通过分析职工的历史行为数据和偏好信息，人工智能可以预测他们可能感兴趣的内容，并为他们推荐相关的培训课程、活动信息等。这种智能推荐的方式不仅提高了信息的针对性和有效性，也节省了职工的时间和精力。

四是情感关怀与支持。工会作为职工群众的“娘家人”，需要关注职工群众的情感状态和需求。人工智能可以通过情感分析技术，识别和分析职工在社交媒体、论坛等渠道的情感表达，了解他们的情绪变化和需求变化。同时，人工智能还可以提供智能聊天机器人等工具，为职工群众提供情感倾诉和安慰的渠道，帮助他们缓解工作压力和负面情绪。这种情感关怀与支持能够提升工会组织的影响力、吸引力、凝聚力，让职工群众感受到更多的关怀和温暖。

五是智能决策辅助。在工会服务职工群众的过程中，经常需要做出各种决策，如资源分配、活动安排等。人工智能可以通过智能决策辅助技术，为工会提供数据驱动的决策支持。通过分析历史数据、模拟不同决策方案的可能结果等方式，人工智能可以帮助工会制定更科学、合理的决策方案。同时，人工智能还可以实时监测和评估决策执行的效果，及时调整和优化决策，确保服务的精准性和有效性。

六是服务效果评估与优化。为了确保服务的精准性和有效性，工会需要定期评估服务效果并进行优化。人工智能可以通过数据挖掘和分析技术，对服务数据进行深入挖掘和分析，识别出服务的关键指标和影响因素。同时，人工智能还可以利用可视化技术将分析结果以直观的形式展现出来，帮助工会快速地了解服务效果和改进方向。基于这些分析结果，工会可以针对性地优化服务流程和内容，提升服务质量和效率。

综上所述，人工智能在帮助工会精准服务职工群众方面具有广泛的应用前景和巨大的潜力。通过智能需求分析、个性化服务定制、智能推荐系统、情感关怀与支持、智能决策辅助以及服务效果评估与优化等方面的应用和创新，人工智能可以为工会带来更高效、精准和人性化的服务体验。

后　记

这是一本AI写给工会干部的人工智能书。

为积极响应人工智能时代浪潮，广泛推动人工智能在全国工会系统中全面应用，加快人工智能作为推进工会工作现代化的关键基础性工作，贯彻落实《全国总工会广泛应用人工智能行动》，学习强会结合当前工会工作实际，针对大家普遍关心的50个人工智能问题，尝试与人工智能对话，进行多次训练，从概念、趋势以及人工智能在工会工作中的应用等方面进行详细解答，帮助工会干部轻松了解人工智能的相关知识。

在本书的出版过程中，中华全国总工会网络工作部方建同志、王阳同志给予大力支持，提供了丰富的资料和案例；清博智能团队给予专业意见，确保内容的准确性和实用性，在此一并致谢。我们希望通过这本书，搭建起一座通往人工智能世界的桥梁，让更多的工会干部和职工能够了解、掌握并受益于这项伟大的技术。

由于编者水平有限，本书难免存在不足和疏漏之处，诚恳地欢迎广大读者批评指正。

编　者

2024年1月

图书在版编目（CIP）数据

和工会干部谈谈人工智能 / 学习强会编；AIGC编.
—北京：中国工人出版社，2024.1
ISBN 978-7-5008-8396-8

Ⅰ.①和… Ⅱ.①学… ②A… Ⅲ.①人工智能–问题解答
Ⅳ.①TP18-44

中国国家版本馆CIP数据核字（2023）第253260号

和工会干部谈谈人工智能

出 版 人 董 宽
责任编辑 赵晨羽 王晨轩
责任校对 张 彦
责任印制 栾征宇
出版发行 中国工人出版社
地 址 北京市东城区鼓楼外大街45号 邮编：100120
网 址 http://www.wp-china.com
电 话 （010）62005043（总编室）
（010）62005039（印制管理中心）
（010）62382916（工会与劳动关系分社）
发行热线 （010）82029051 62383056
经 销 各地书店
印 刷 北京美图印务有限公司
开 本 880毫米×1230毫米 1/32
印 张 5
字 数 80千字
版 次 2024年1月第1版 2024年1月第1次印刷
定 价 32.00元

本书如有破损、缺页、装订错误，请与本社印制管理中心联系更换